改訂新版

オープンデータ＋QGIS

統計・防災・環境情報が
ひと目でわかる
地図の作り方

朝日孝輔　大友翔一　水谷貴行　山手規裕　著

技術評論社

本書に記載された内容は、情報の提供のみを目的としています。したがって、本書を用いた開発、製作、運用は、必ずお客様自身の責任と判断によって行ってください。これらの情報による開発、製作、運用の結果について、技術評論社および著者はいかなる責任も負いません。

　本書記載の情報は、2018年9月30日現在のものを掲載していますので、ご利用時には変更されている場合もあります。

　また、ソフトウェアに関する記述は、特に断わりのないかぎり、2018年9月30日現在での最新バージョンをもとにしています。ソフトウェアはバージョンアップされる場合があり、本書での説明とは機能内容などが異なってしまうこともあり得ます。本書ご購入の前に、必ずバージョン番号をご確認ください。

　以上の注意事項をご承諾いただいたうえで、本書をご利用願います。これらの注意事項をお読みいただかずに、お問い合わせいただいても、技術評論社および著者は対処しかねます。あらかじめ、ご承知おきください。

　本文中に記載されている会社名、製品名などは、各社の登録商標または商標、商品名です。会社名、製品名については、本文中では、TM、©、®などは表示しておりません。

はじめに

　通常、人間の活動は地理空間に紐付き、その地理空間情報は日夜変化し、増加していきます。本書は「そうしたさまざまな情報をわかりやすく表示する技術を提供すること」を目的として書かれています。この目的に大幅な変化は見受けられないものの、QGISも初版の発行時よりすくなからず機能の改良／追加が行われました。重ねて、地図を表現する際により魅力的にするためのツールも充実してきました。幸いにも初版発行時より現在に至るまで、著者一同の想定を大幅に上回る反響を頂戴したおかげで、今回の改訂版執筆の運びとなりました。

　本書は主に次のような読者を想定しており、そういった方々にお届けできるのなら幸甚の至りです。

●Excelのシートで管理しているデータを地図に載せてビジュアライゼーションしたい
　どこに何があるか、誰がいるかを地図上に表示するのはもちろん、集計結果を地域別にグラフや図で表示できます。

●自分のお店を開いたので、ホームページにわかりやすいアクセス情報を載せたい
　駅からのルートやお店の場所などの目立たせるべき場所をわかりやすく表示して、集客力向上につなげましょう。

●新規店舗の出店を計画したい
　そのエリアにどのくらいの人がいるか、何歳くらいの人がいるかを色分けして地図上に表示できます。

●オープンデータって最近よく聞くけど何だろう、どうやって使うのだろう？
　最近、官公庁や自治体をはじめとして、いろいろなところでデータを公開しています。この本を手にしてくださった皆さまの中にもオープンデータという言葉は知っている。でも、よくわからない、何に使えるのかわからないといったモヤモヤはありませんか？

●昨日、娘が河童を見たと言っています。本当でしょうか？
　河童が出没する危険性に関してビジュアライゼーションする方法は、日本におけるその道の権威の1人が責任をもって執筆しています。

●地域情報を可視化して住民に提供したい
　地域の観光名所やご当地グルメなどの情報を簡単に公開できます。本書では室蘭市のデータを例に、防災情報や災害情報を公開する方法を説明しています。

　その他、オープンデータの一覧やQGIS以外の便利なツールも紹介しています。
　この本を手にしてくれたあなたが公開したオリジナルマップは、人間にとっては小さな一歩ですが、人類にとっての大きな飛躍になることを願っています。

2018年11月
著者一同

Contents

はじめに ……………………………………………………………………………… 003

Part I　地図情報／オープンデータの基本を理解する …………………… 013

第1章　地理空間情報の基本 ……………………………………………………… 014

- **1.1** 身近な地理空間情報 ……………………………………………………… 014
- **1.2** 情報は位置に結びつく …………………………………………………… 015
- **1.3** 位置の表現の仕方 ………………………………………………………… 015
  - 1.3.1　緯度経度 ……………………………………………………………… 016
  - 1.3.2　投影座標 ……………………………………………………………… 016
- コラム　測地系の違い——同じ緯度経度でも位置が違う？ ……………… 017
- **1.4** さまざまな投影法 ………………………………………………………… 019
  - 1.4.1　世界地図 ……………………………………………………………… 019
  - 1.4.2　日本国内で利用される投影法 ……………………………………… 021
- コラム　空間参照系 ……………………………………………………………… 022
- **1.5** 住所から位置を求める …………………………………………………… 024
- **1.6** 可視化することで理解が進む …………………………………………… 024

第2章　オープンデータの基本 …………………………………………………… 027

- **2.1** オープンデータの定義 …………………………………………………… 027
  - 2.1.1　地理空間情報の場合 ………………………………………………… 028
- コラム　5スターオープンデータ ……………………………………………… 028
- コラム　ライセンスを理解しよう ……………………………………………… 029
- **2.2** オープンデータを巡る動き ……………………………………………… 030
  - 2.2.1　国際的な動向 ………………………………………………………… 030
  - 2.2.2　日本政府の取り組み ………………………………………………… 030
  - 2.2.3　地方自治体の取り組み ……………………………………………… 031
  - 2.2.4　公的研究機関の取り組み …………………………………………… 032
  - 2.2.5　市民／民間での活用 ………………………………………………… 032
- **2.3** 公共のデータだけがオープンデータ？ ………………………………… 034

第3章　今、なぜ注目されているのか　036

3.1　測位技術の充実　036
3.1.1　準天頂衛星「みちびき」　036
コラム　GPSとは？　037
3.1.2　屋内測位　037
3.2　オープンソースソフトウェアの充実　038
コラム　OSGeo財団　038
3.3　位置情報の利用に対する期待と課題　039

Part II　データを準備する　041

第4章　オープンデータを使う　042

4.1　オープンデータを探す　042
4.1.1　国土地理院　042
4.1.2　官庁と地方公共団体　043
4.1.3　その他　043
4.2　カタログサイトの利用　044

第5章　代表的なファイルフォーマット　046

5.1　CSV　046
5.2　XML　047
5.3　ESRI Shapefile　048
5.4　GeoPackage　049
5.5　GeoJSON　049
5.6　KML　053
5.7　位置情報付きの画像　053
5.7.1　位置情報の表し方　054
5.7.2　ワールドファイル（.tfw、.wld）　054
5.7.3　空間参照系の記録　055
5.8　標高値データもしくはグリッドデータ　055
5.9　タイル地図　057
コラム　オープンストリートマップ　058
コラム　ベクタデータとラスタデータ　060

第6章　ライセンス　061

6.1　利用にあたって確認すべきこと　061
6.1.1　そもそもデータの利用が許可されているか　061
6.1.2　著作権者　061
6.1.3　利用条件　061
6.1.4　どの国の著作権法が適用されるか　062
6.2　クリエイティブ・コモンズ・ライセンス　062
6.3　パブリックドメイン　063
コラム　国土地理院で公開している測量成果の複製／使用　064

Part III　基本となる地図を準備する　065

第7章　身近な地域の地図を作成する　066

7.1　本章で作成できる地図　066
7.2　使用時に確認する項目　067
7.2.1　満たすべき基準と位置精度　067
7.2.2　地図データの複製／使用　067
7.3　地図データをダウンロードする　068
7.4　ファイルを開く　071
7.5　レイヤ毎にスタイルを設定する　072
7.5.1　町字界線と行政区画界線を「一点鎖線」にする　074
7.5.2　軌道の中心線を「旗竿」にする　074
7.6　保存する　076

第8章　世界地図を作成する　077

8.1　データをダウンロードする　077
8.2　ファイルを開く　080
8.3　レイヤ毎にスタイルを設定する　080
8.3.1　❺ Admin 0 - Details　081
8.3.2　❹ Urban Areas　083
8.3.3　❸ Roads　083
8.3.4　❷ Rivers + lake centerlines　085
8.3.5　❶ Physical Labels　087
8.4　投影法を設定する　087

第9章　公開されている地図を使用する … 091

9.1　タイル地図（XYZ Tiles）の使用方法 … 091
9.1.1　OpenStreetMapの場合 … 091
9.1.2　地理院地図をレイヤとして追加する方法 … 091

9.2　公開されているタイル地図を使用する … 093
9.2.1　設定ファイルの作成 … 093
9.2.2　設定ファイルの読み込み … 094
9.2.3　タイル地図の重ね合わせ … 095

Part IV　テーマを決めてデータを可視化する … 097

第10章　防災／減災／安全に役立つ地図を作成する … 098

10.1　データをダウンロードする … 098
10.2　点要素のスタイル … 099
10.2.1　アイコンのユーザ定義 … 101
10.3　線要素のスタイル … 102
10.4　面要素のスタイル … 104
10.4.1　土砂崩れデータ … 104
10.4.2　洪水浸水の深さデータ … 107

第11章　年齢別人口分布図を作成する … 110

11.1　コロプレスマップ（階数区分図） … 110
11.2　政府統計の総合窓口（e-Stat） … 110
11.3　データをダウンロードする … 111
11.4　ファイルを開く … 113
11.4.1　統計データの拡張子の変更 … 114
11.4.2　型の指定 … 114
11.4.3　QGISで読み込み … 115
11.5　小地域データに統計データを結びつける … 115
11.6　人口（住民数）で色分けする … 117
11.6.1　比較のためのコロプレスマップの作成 … 117
11.7　選択したレイヤを出力する … 119
11.8　保存する … 119
コラム　標準地域メッシュコードとは？——2050年の人口予想図を表示 … 119

第12章　山岳表現を作成する（国内編） …… 123

- **12.1** データをダウンロードする …… 123
- コラム　10mメッシュは10mではない？ …… 124
- **12.2** グリッドデータに加工する …… 124
- コラム　数値標高モデルの変換ツール …… 126
- **12.3** 標高毎に色分けする …… 126
- **12.4** 陰影図を作成する …… 128
- **12.5** 色分けした標高データと陰影図を重ねる …… 129

第13章　山岳表現を作成する（世界編） …… 131

- **13.1** データをダウンロードする …… 131
- **13.2** 投影法を変換する …… 132
- **13.3** 標高毎に色分けする …… 133
- **13.4** 色分けした標高と陰影図を重ねる …… 135

第14章　カッパ出没マップを作成する …… 137

- **14.1** 河川データから河川からの距離図を作成する …… 137
  - **14.1.1** データをダウンロードする …… 137
  - **14.1.2** 投影法を変換する …… 139
  - **14.1.3** ラスタデータに変換する …… 140
  - **14.1.4** 距離を計算する …… 142
- **14.2** 植生データから畑地面積率図を作成する …… 143
  - **14.2.1** データをダウンロードする …… 143
  - **14.2.2** 畑地を抽出する …… 144
  - **14.2.3** ラスタデータに変換する …… 146
  - **14.2.4** 畑地面積率を計算する …… 147
- **14.3** 標高データから日射量図を作成する …… 149
  - **14.3.1** 投影法を変換する …… 149
  - **14.3.2** 傾斜、傾斜方位を計算する …… 150
  - **14.3.3** 日射量を計算する …… 152
- **14.4** データを組み合わせてカッパ出没マップを作成する …… 154
  - **14.4.1** ラスタ計算機 …… 154
  - **14.4.2** スタイルを設定する …… 156
- **14.5** カッパ遭遇危険度マップを作成する …… 157
  - **14.5.1** データをダウンロードする …… 157

14.5.2　バッファを作成する	157
14.5.3　バッファ内のラスタを集計する	158
14.5.4　スタイルを整える	159

コラム　GDAL（Geospatial Data Abstraction Library） ... 161
コラム　プロセッシングツール ... 161
コラム　ますます重要になる統計モデル ... 162
コラム　オープンソースとしてのQGIS ... 162

Part V　データを出力する ... 163

第15章　印刷する ... 164

- 15.1　レイアウト ... 164
- 15.2　レイアウトマネージャ ... 165
- 15.3　地図を配置する ... 165
- 15.4　全体図を配置する ... 167
  - 15.4.1　表示縮尺範囲の設定 ... 167
  - 15.4.2　全体図と地図フレームの表示 ... 168
- 15.5　タイトルを配置する ... 169
- 15.6　スケールバーを配置する ... 169
- 15.7　方位記号を配置する ... 169
- 15.8　凡例を配置する ... 171
- 15.9　その他 ... 171
- 15.10　出力する ... 172
- 15.11　地図帳機能を利用する ... 173

第16章　QGIS以外の魅力的なツール ... 174

- 16.1　Avenza Maps ... 174
  - 16.1.1　QGISで作成した地図画像を取り込む ... 174
  - 16.1.2　取り込んだ地図の表示 ... 177
- 16.2　Tableau Public ... 179
  - 16.2.1　Tableau Publicのインストール ... 179
  - 16.2.2　統計データのダウンロード ... 180
  - 16.2.3　データの表示 ... 181

16.3 ArcGIS Online	184
16.3.1 サインイン	184
16.3.2 ArcGIS Onlineの画面	185
16.3.3 防災マップの作成	186
コラム MIERUNE地図	190

Appendix … 193

Appendix A　QGIS操作ガイド … 194

- A.1 QGISとは … 194
- A.2 インストール … 195
  - A.2.1 Windowsの場合 … 195
  - A.2.2 macOSの場合 … 197
- A.3 QGIS 3の変更点 … 198
  - A.3.1 プロジェクトファイルの拡張子変更 … 198
  - A.3.2 ベクトルレイヤのデフォルトが「GeoPackage」に変更 … 198
  - A.3.3 編集に使う機能 … 199
  - A.3.4 表現の強化 … 199
  - A.3.5 3D表現 … 199
  - A.3.6 キャンバス保存時の指定 … 200
- コラム QGISの操作について質問できる場所は国内にある？ … 201
- A.4 プロジェクトを開く／保存する … 201
- A.5 座標参照系（CRS）を設定する … 202
- A.6 プラグインを設定する … 202
- A.7 新規レイヤを作成する … 203
- A.8 ファイルをレイヤに追加する … 204
- A.9 特殊なレイヤを追加する … 204
  - A.9.1 タイル地図の追加 … 204
  - A.9.2 WMS（Web Map Service）サーバからの追加 … 205
- A.10 ラスタレイヤにスタイルを設定する … 206
- A.11 ベクタレイヤのスタイルを設定する … 210
  - A.11.1 共通シンボル … 210
  - A.11.2 シンボルの色変更 … 212
  - A.11.3 スタイルのコピー＆ペースト … 212

- A.11.4 属性に応じたシンボル …………………………………… 212
- A.11.5 ラベル …………………………………………………… 215
- A.11.6 ダイアグラム …………………………………………… 216
- A.11.7 スタイルの読み込み／保存 …………………………… 217
- **A.12** レイヤを編集する …………………………………………… 217
  - A.12.1 図形の追加 ……………………………………………… 217
  - A.12.2 図形の修正 ……………………………………………… 218
  - A.12.3 属性の修正 ……………………………………………… 219
- **A.13** レイヤを保存する …………………………………………… 219
- **A.14** ベクタ演算例 ………………………………………………… 220
  - A.14.1 バッファ（空間演算ツール）………………………… 220
- **A.15** ラスタ演算例 ………………………………………………… 221
- **A.16** 印刷する ……………………………………………………… 222

Appendix B　データカタログ …………………………………………… 223

- **B.1** 国の機関や大学から入手できる情報 ………………………… 223
  - B.1.1 基盤地図情報 …………………………………………… 223
  - B.1.2 国土数値情報 …………………………………………… 223
  - B.1.3 自然環境情報GIS提供システム ……………………… 223
  - B.1.4 e-Stat …………………………………………………… 224
  - B.1.5 ASTER GDEM ………………………………………… 224
  - B.1.6 東京情報大学 VIIRSプロジェクト …………………… 224
  - B.1.7 東海大学宇宙情報センター …………………………… 224
  - B.1.8 地すべり地形GISデータ ……………………………… 224
  - B.1.9 地球観測衛星データ提供システム β版 …………… 225
  - B.1.10 DATA.GO.JP データカタログサイト ………………… 225
- **B.2** 地方自治体から入手できる情報 ……………………………… 225
  - B.2.1 都道府県 ………………………………………………… 225
  - B.2.2 広域連携機関・プロジェクト ………………………… 231
  - B.2.3 市区町村 ………………………………………………… 232
- **B.3** 海外のサイト ………………………………………………… 245
  - B.3.1 Natural Earth …………………………………………… 245
  - B.3.2 International Steering Committee for Global Mapping（ISCGM）… 245
  - B.3.3 NASA's Earth Observing System Data And Information System（EOSDIS）… 245
  - B.3.4 アメリカ地質調査所：USGS ………………………… 245

- B.3.5 LAND PROCESSED DISTRIBUTED ACTIVE ARCHIVE CENTER：LP DAAC … 245
- B.3.6 アメリカ海洋大気庁：NOAA … 246
- B.3.7 NOAA National Geophysical Data Center（NOAA NGDC）… 246
- B.3.8 CGIAR CSI（国際農業研究協議グループ）… 246
- B.3.9 Global Land Cover Facility：GLCF（メリーランド大学）… 246
- B.3.10 OPENDEM … 246
- B.3.11 Harmonized World Soil Database … 246
- B.3.12 National Snow & Ice Data Center（NSIDC）… 246
- B.3.13 WorldClim - Global Climate Data … 247
- B.3.14 アメリカ疾病予防管理センター（CDC.gov）EPI info … 247

B.4 配信地図 … 247
- B.4.1 Finds.jp … 247
- B.4.2 歴史的農業環境WMS配信サービス … 247
- B.4.3 地質情報配信サービス … 247
- B.4.4 地理院タイル … 247
- B.4.5 エコリス地図タイル … 248
- B.4.6 オープンストリートマップ … 248
- B.4.7 USGS The National Map … 248
- B.4.8 MIERUNE地図 … 248

B.5 データポータルサイト … 248
- B.5.1 DATA.go.jp … 248
- B.5.2 Linked Open Data Initiative … 248
- B.5.3 LinkData.org … 248
- B.5.4 G空間情報センター … 248
- B.5.5 オープンデータ浜名湖 … 249
- B.5.6 ODPデータカタログ … 249
- B.5.7 オープンデータ ジャパン … 249

索引 … 250
著者紹介 … 255

Part I
地図情報／オープンデータの基本を理解する

　「地理空間情報」や「オープンデータ」が、なぜ今注目されているのでしょうか。
　地理空間情報はやや専門的な知識が必要な印象がありますが、身近に利用している情報が多く含まれいます。ただし、取り扱いには少々コツが必要です。
　オープンデータは、官公庁や自治体が積極的に公開しているので、目にしたこともあるでしょう。では、どういった条件を満たしていれば、オープンデータと呼ばれるのでしょうか。
　本Partでは、本書を読み進めていくうえで必要な前提知識を整理します。

第1章：地理空間情報の基本
第2章：オープンデータの基本
第3章：今、なぜ注目されているのか

第1章 地理空間情報の基本

緯度経度や世界地図の図法など、地理空間情報の表現は専門的な内容が多く含まれます。そこで、本章では、地理空間情報の定義から、メルカトル図法に代表されるさまざまな地図の表現の仕方などを説明します。

1.1 身近な地理空間情報

地理空間情報という用語が初めて定義されたのは、2007年（平成19年）5月に成立／公布された「地理空間情報活用推進基本法」です。この中で地理空間情報は次のように定義されています（平たく言うと、何らかの位置とそれに結びついた情報がすべて該当します）。

- 空間上の特定の地点又は区域の位置を示す情報（当該情報に係る時点に関する情報を含む。以下「位置情報」という。）
- 前号の情報に関連付けられた情報

同法の成立に向けた取り組みの端緒は、阪神・淡路大震災（1995年）直後の被害状況の把握や復旧作業の効率化において、位置と結びついた情報の有効性が実証されたことです。このことから、地理空間情報の活躍する分野の代表例として、災害など万が一の事態が挙げられます。いざという際に避難所として指定されている学校や、近所の消火栓の位置、AED（自動体外式除細動器）の設置場所などの情報が整備され、認知されていることで、緊急時に慌てることなく行動できるようになります。

普段利用しているサービスにも地理空間情報は利用されています。スマートフォンのGPS（Global Positioning System）を利用して近くのお店を探す場合や、GPSに対応したデジカメで写真を撮る場合です。デジタル写真データの中にはExif（Exchangeable image file format）情報として位置情報が埋め込まれ、後からどこで撮った写真かを地図上で見られます。

このほかにも、いろいろな利用例が思いつくことでしょう。「地理空間情報」と書いてしまうとピンとこないかもしれませんが、さまざまな分野で、多くのサービスに利用されています。

1.2 情報は位置に結びつく

ピンポイントで表す位置でもよいですし、広い範囲を表す位置でもよいので、ある位置について例を挙げて考えてみます。

- 6月5日の九十九里浜の天気は晴れで、波の高さは1m
- 本牧海浜公園で、アジ／サバなどの青物の釣果が先月より増えている
- 6月1日に神宮球場で、慶応大学が六大学野球の2014年春季リーグ戦の優勝を決めた
- 1969年7月20日、アポロ11号は月に着陸した

その位置で起きることの情報量は、時間発展的に増加していきます。これらは、その「位置」で起きた出来事の「情報」です（**表1-1**）。

このように、どの位置で起きたことなのかまで考えていくと、ほとんどの情報が地理空間情報と言えそうです。つまり、地理空間情報として扱う範囲はとても広いものになります。

1.3 位置の表現の仕方

位置を示すにはどのような方法があるでしょうか（**表1-2**）。普段、私たちが場所を伝える際は、地名や住所、施設名などを使います。また、最近ではスマートフォンにGPSが付いており、現在地を「緯度経度」の値で知ることができます。その他にも、一般的にはあまり使用することはありませんが、地図上の位置を「投影座標」と呼ばれるX, Yの座標値で示す方法もあります。

○表1-1　さまざまな情報が位置に結びつく（例）

位置	情報
九十九里浜	天候は晴れ、波の高さは1m
本牧海浜公園	アジ／サバの釣果が増加している
神宮球場	慶應義塾大学が六大学野球で優勝した
月のある地点	アポロ11号が着陸した

○表1-2　位置の表現の仕方（例）

項目	説明
地名	新宿
住所	東京都新宿区霞ヶ丘町3-1
施設名	明治神宮野球場
緯度経度	北緯35度40分28.46秒、東経139度43分1.69秒
投影座標	平面直角座標IX系 X:22053268 Y:-10483642

○図1-1　緯度経度の表し方

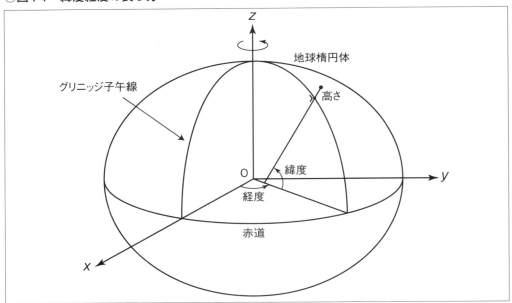

　地図情報を可視化するにあたって「緯度経度」と「投影座標」は、とても重要な前提知識なので、もう少し詳しく説明します。

1.3.1　緯度経度

　緯度経度の値は、図1-1のように、地球を楕円の物体とみなし、その場所における楕円体面の法線が赤道面となす角度を「緯度」、その場所を通る子午線がグリニッジ子午線となす角度を「経度」と定め表します。

　このようにして緯度と経度を決めるとき、地球をどのような形の楕円とみなすか？　また、その楕円を地球とどのように重ねるのか？　の情報が必要です。それらの情報を定めたものを「測地系コラム参照」と言います。

　日本の測地系は現在（2018年）、長半径が6,378,137m、扁平率の逆数（1/f）298.257222101のGRS80と呼ばれる楕円体の重心が座標空間の原点に位置し、地球の回転軸がZ軸と重なりXY平面が赤道と一致する「世界測地系（または日本測地系2011）」を採用しています。

1.3.2　投影座標

　地球上の地物[注1]の距離や面積、方位などの位置情報を、紙の地図上でうまく表現するにはどうすればよいでしょうか？　そのためには、楕円体である地球を平面上に投影する必要

注1　天然と人工にかかわらず、地上にあるすべての物の概念のことで、河／山／植物／橋／鉄道／建築物／行政界など、実世界に存在するものに与えられる名前（国土交通省　国土地理院Webサイト：URL https://www.gsi.go.jp/GIS/stdind/nyumon_0440.html より）

○図1-2 投影座標の例

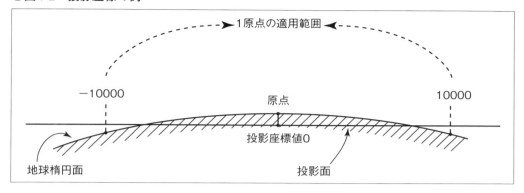

があります。その方法を「投影法」と呼び、光源の位置や投影面の形などの違いよってさまざまな種類が考案されています。

投影法によって平面上に投影された地物の位置は、その平面を基準とした座標で示せます（図1-2）。それを「投影座標」と呼びます。また、投影座標は同じ投影法を採用していても、投影する範囲や原点の設定によって異なります。これらを定めたものを「投影座標系」と言います。

コラム 測地系の違い──同じ緯度経度でも位置が違う？

地球上での位置の表現の仕方として、「緯度経度」で表す場合と「投影座標」で表す場合があります。投影座標系ではそれぞれの投影法によって同じ場所でも座標値が異なるのはわかりますが、緯度経度まで異なるとはどういうことでしょうか。詳しい説明は測地学の書籍に譲るとして、ここでは測地系の違いによって同一地点でも緯度経度が異なる原因を、異なる視点から見てみましょう。

▶地球は球体ではない

ある地点（A）の緯度は、A点から北極星を観測することでわかります。北極星は無限遠点[注A]にあるとみなせるので、緯度は北極星の仰角そのものであることがわかります（**図1-A**）。江戸時代に作成された大日本沿海輿地全図は、この原理で緯度を求めています。

ただし、**図1-A**は地球が球体である場合の話です。実際の地球は赤道付近が少し膨らみ、さらに北極側が少し突き出た洋ナシ型になっているので、北極星の仰角と緯度は必ずしも一致しません（**図1-B**）。

そこで、地球の形を回転楕円体（どら焼き型）で近似することにします（「準拠楕円体」と呼びます）。これなら北極星の仰角から緯度を求めることは、単純ではないものの何とか

注A point at infinity。限りなく遠いところ（無限遠）にある点のこと。

○図1-A 北極星と緯度の関係

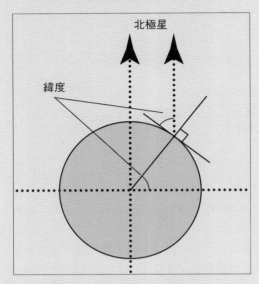

○図1-B 地球が球体でない場合の北極星と緯度の関係

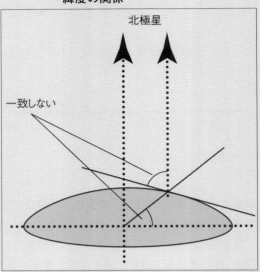

計算できます。あとは、どのような楕円体で近似するかにも、いくつか種類があります。当然、楕円体の形が異なると同じ仰角でも算出される緯度の値は違うものになります。これが同じ位置でも緯度が異なる原因です。

日本ではつい最近まで「ベッセル楕円体」と呼ばれる楕円体を準拠楕円体として採用していました。さらに、旧東京天文台跡を経緯度原点として正確な緯度経度を基準とした座標系を定めました。これは日本測地系と呼ばれ、2002年3月まで使用されていました。

▶より地球の形状に近い楕円体

さて、宇宙技術の進歩によってより精密な地球の形状が求められるのに伴って、より地球の形状に近い楕円体を用いた測地系が使用されるようになってきます。GPSでは「WGS1984」という楕円体が用いられています。楕円体が異なると緯度経度も異なるので、日本測地系の緯度経度とGPSで求められた緯度経度には差が出てしまいます。さらに悪いことに、両者は原点の位置が異なっていました。

GPSで利用されるWGS84測地系では、地球の重心を原点と定めていますが、日本測地系の原点は旧東京天文台跡の日本経緯度原点を原点としています。結果、日本測地系のベッセル楕円体の中心位置が地球の重心と一致していませんでした（**図1-C**）。

そこで、日本でもより正確な「GRS80」という楕円体を用いた測地系を定めて対応することにしました。これを「日本測地系2000」、または「世界測地系」と呼びます。GPSで用いられているWGS1984楕円体とGRS80楕円体では扁平率がわずかに異なりますが、陸域測量においてはほとんど差がありません。また、日本測地系2000は、東日本大震災の地殻変動に伴い「日本測地系2011」に改定されました。

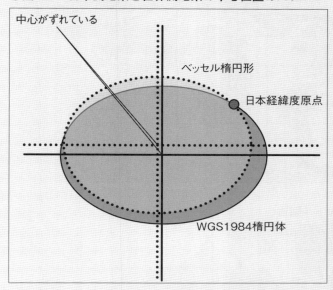

○図1-C　日本測地系と世界測地系の中心位置のズレ

　なお、厳密には天文測量で得られる緯度経度と、測地系に基づいて得られる緯度経度とは、ジオイドなどの関係もあって一致しません。ジオイドとは仮想的な海水面（等重力ポテンシャル面）のことで、重力分布によって凹凸があります。簡単に言うと、私たちは重力分布の偏りによって、楕円体面に対して垂直に立っていません。したがって、天文測量を行う場合でもジオイド面の歪みの分角度にズレが生じます。日本で用いられている測地系の座標値は、基本的には三角測量によって得られた座標を楕円体上に展開したものです。

1.4 さまざまな投影法

1.4.1 世界地図

　みなさんがよく目する世界地図は、経線が平行に等間隔に、緯線が経線と直交するように描かれている図1-3ではないでしょうか。図1-3は「正距円筒図法」で描画された地図です。経度緯度から図面にプロットが楽に行えるため、GISでの初期設定としても使われています。ただし、面積や角度は正しく表すことはできません。

　海図／航路用地図に使用される図1-4のような「メルカトル図法」も目にすることが多い地図です。メルカトル図法は、地球に北方向から円筒をかぶせて、その円筒上に投影された図になります。特徴は、地球上のある地点から引いた線分の角度が地図上で同じ角度で表せること（正角図法）、高緯度になるにつれて面積と距離が大きく出てしまうことです。

Part I：地図情報／オープンデータの基本を理解する

○図1-3　正距円筒図法

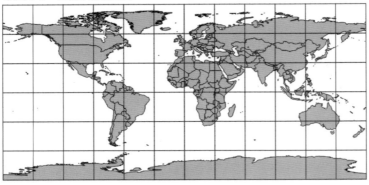

○図1-4　メルカトル図法

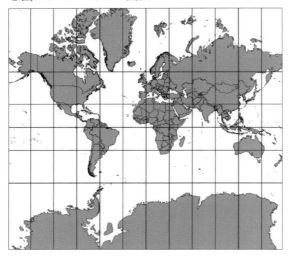

○図1-5　南極を中心に描画した正距方位図法

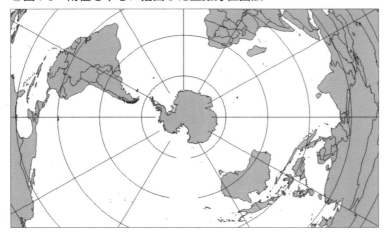

◯図1-6　モルワイデ図法

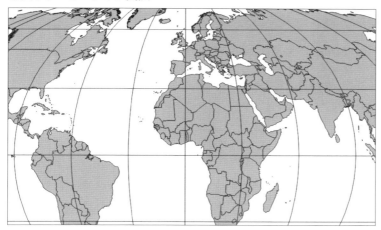

　図1-5は南極を中心に描画した「正距方位図法」で、中心からの方位と距離を正しく表すことができます。図1-6は正積図法の「モルワイデ図法」で、実際の面積比と地図上の面積比を正しく表せます。
　ここで紹介した投影法はほんの一部です。ほかにもたくさんの投影法があり、それぞれに特徴があり、何を正確に表したいかによって選択する必要があることを覚えておきましょう。

1.4.2　日本国内で利用される投影法

　日本の地図で採用されている投影法として「ガウス・クリューゲル図法」があります。これは地球に横から円筒形をかぶせて投影させる方法です。ガウス・クリューゲル図法で投影する際に、日本全国を19の地域に分割し（表1-3）、各投影範囲と投影原点を決めたものを「平面直角座標系」と呼びます。分割は投影による歪みを一定以下に抑えるために行われます。主に1万分の1より大きい（拡大された）縮尺の地図で使用されています。
　また、ガウス・クリューゲル図法で投影する際に、世界を60の地域に分割し、各投影範囲と投影原点を決めたものを「UTM（ユニバーサル横メルカトル図法）座標系」と呼びます。平面直角座標系と同じく、投影による歪みを一定以下に抑えるために分割されています。1万分の1から20万分の1の地図で使用されており、Zone51からZone55が日本の範囲に入ってきます（表1-4、図1-7）。

○表1-3　平面直角座標系の適用区域

系番号	適用区域
I	長崎県、鹿児島県のうち北方北緯32度、南方北緯27度、西方東経128度18分、東方東経130度を境界線とする区域内（奄美群島は東経130度13分までを含む）にあるすべての島、小島、環礁および岩礁
II	福岡県、佐賀県、熊本県、大分県、宮崎県、鹿児島県（I系に規定する区域を除く）
III	山口県、島根県、広島県
IV	香川県、愛媛県、徳島県、高知県
V	兵庫県、鳥取県、岡山県
VI	京都府、大阪府、福井県、滋賀県、三重県、奈良県、和歌山県
VII	石川県、富山県、岐阜県、愛知県
VIII	新潟県、長野県、山梨県、静岡県
IX	東京都（XIV系、XVIII系およびXIX系に規定する区域を除く）、福島県、栃木県、茨城県、埼玉県、千葉県、群馬県、神奈川県
X	青森県、秋田県、山形県、岩手県、宮城県
XI	小樽市、函館市、伊達市、北斗市、北海道後志総合振興局の所管区域、北海道胆振総合振興局の所管区域のうち豊浦町、壮瞥町および洞爺湖町、北海道渡島総合振興局の所管区域、北海道檜山振興局の所管区域
XII	北海道（XI系およびXIII系に規定する区域を除く）
XIII	北見市、帯広市、釧路市、網走市、根室市、北海道オホーツク総合振興局の所管区域のうち美幌町、津別町、斜里町、清里町、小清水町、訓子府町、置戸町、佐呂間町および大空町、北海道十勝総合振興局の所管区域、北海道釧路総合振興局の所管区域、北海道根室振興局の所管区域
XIV	東京都のうち北緯28度から南であり、かつ東経140度30分から東であり東経143度から西である区域
XV	沖縄県のうち東経126度から東であり、かつ東経130度から西である区域
XVI	沖縄県のうち東経126度から西である区域
XVII	沖縄県のうち東経130度から東である区域
XVIII	東京都のうち北緯28度から南であり、かつ東経140度30分から西である区域
XIX	東京都のうち北緯28度から南であり、かつ東経143度から東である区域

出典元：国土交通省 国土地理院のWebサイト（URL http://www.gsi.go.jp/LAW/heimencho.html）より

コラム 空間参照系

　任意の場所の緯度経度は、測地系（準拠する楕円体の形、および地球と楕円体の重ね方）によって定まります。また、その緯度経度の値を平面に投影した座標値は、投影座標系（投影法およびその原点）によって定まります。つまり、任意の場所を表わすには測地系と投影座標系を定める必要があります。その組み合わせの一覧を「空間参照系」もしくは「CRS（座標参照系）」と言います。

○表1-4　UTMの適用区域

ゾーン	適用区域
51	東経120～126度
52	東経126～132度
53	東経132～128度
54	東経138～144度
55	東経144～150度

○図1-7　UTMの適用区域

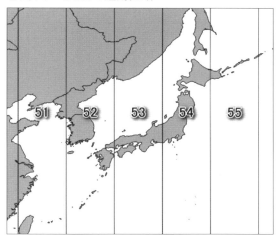

　空間参照系には空間参照ID（SRID）と呼ばれる識別番号で管理されています。空間参照IDは、いくつかの団体が整備していますが、なかでもEPSG（European Petroleum Survey Group）という団体によって作成されたEPSGコードがGIS（Geographic Information System；地理情報システム）ではよく利用されています。EPSGコードを利用すれば、任意の位置座標の値がどの測地系と投影座標系から定まっているのかを簡単に示すことができます（**表1-A**）。

○表1-A　日本国内でよく利用されるEPSGコード一覧

EPSG	コード測地系（準拠楕円体、座標空間）	投影座標系
6668	日本測地系2011（GRS80楕円体、ITRF94およびITRF2008系）	緯度経度
6688～6692		UTM座標系（ゾーン51～55）
6669～6687		平面直角座標系（系番号I～XIX）
4612	日本測地系2000（GRS80楕円体、ITRF94系）	緯度経度
3097～3101		UTM座標系（ゾーン51～55）
2443～2461		平面直角座標系（系番号I～XIX）
3857	WGS84球体、WGS84系	Webメルカトル
4326	WGS84楕円体、WGS84系	緯度経度
32651～32655		UTM座標系（ゾーン51～55）
4301	日本測地系（ベッセル楕円体、日本測地系）	緯度経度
102151～102155		UTM座標系（ゾーン51～55）
30161～30179		平面直角座標系（系番号I～XIX）

※世界測地系は「日本測地系2000（JGD2000）」、2011年以降は「日本測地系2011（JGD2011）」とも呼ばれる
※日本測地系は「旧日本測地系」「Tokyo Datum」とも呼ばれる
※緯度経度は、投影座標系に対して「地理座標系」とも呼ばれる
※EPSGコード「3857」はオープンストリートマップなどのWeb地図で使われている

1.5 住所から位置を求める

住所（例：神奈川県相模原市中央区由野台3-1-1）を経度緯度（例：緯度35.557935、経度139.392853）や投影座標に変換する処理のことを「ジオコーディング」や「アドレスマッチング」と言います。住所の表記方法は世界各国で異なりますが、住所文字列と座標情報（緯度・経度など）を管理するファイルをもとに対応付けます。この住所文字列と座標情報（緯度・経度など）を管理するファイルのことを「住所辞書」と呼びます。

個人で住所辞書を用意するのは大変なので、Web上で提供されているジオコーディングサービスを試してみましょう。**リスト1-1**のサンプルコードを実行してください[注2]。上部のテキストフィールドに任意の住所か観光地の名称、場所の名前などを入力してGeocodeボタンをクリックすると該当する住所を座標値に変換し、その座標にマーカーを描画して画面の中心にします。

ここでは、Google Geocoding APIを使用した例を見てもらいましたが、使用に際して各種制限があるので注意してください。ジオコーディングの結果はGoogleマップ上に表示する場合にのみ使用できます。

他のジオコーディングサービスとして、東京大学空間情報科学研究センターが提供しているものがあります。

- Geocoding Tools & Utilities
  URL https://newspat.csis.u-tokyo.ac.jp/geocode/

国土交通省 国土計画局や国土地理院のデータをもとにジオコーディングをしてくれます（利用にあたって注意事項を確認してください）。

1.6 可視化することで理解が進む

ここまでは位置情報を座標値という数値で表してきました。また、位置情報にはその場所が何なのか、誰の土地なのか、何が起こった場所なのか、などの付随した情報を関連付けることができます。しかし、座標値に関連した情報を羅列するだけでは、付近には何があるのか、どの程度の広さなのかといった情報を瞬時に理解できません。

位置情報を見る人が直感的にわかりやすい形で表現するためには、座標値をもとに地図上に展開する必要があります。また、単に点や線で展開するだけでなく、データや地物の種別によって色、線種、線幅を変えて描画し、さらに記号や注記を駆使してわかりやすく表現する必要があります。こうすることで、閲覧者は目的とする情報を直感的に理解できるようになります。位置情報における可視化とは、端的に言えば地図を作成することであるともいえるでしょう。

注2 本書のサンプルコードは、本書のサポートサイト（URL https://gihyo.jp/book/2019/978-4-297-10317-0）からダウンロードできます。

○リスト 1-1　Google Geocoding API を使用した例（sample1-1.html）

```html
<!DOCTYPE html>
<html>
  <head>
    <meta name="viewport" content="initial-scale=1.0, user-scalable=no">
    <meta charset="utf-8">
    <title>Geocoding Sample</title>
    <style>
      html, body, #map-canvas {
        height: 100%;
        margin: 0px;
        padding: 0px
      }
      #panel {
        position: absolute;
        top: 5px;
        left: 50%;
        margin-left: -180px;
        z-index: 5;
        background-color: #fff;
        padding: 5px;
        border: 1px solid #999;
      }
    </style>
    <script src="https://maps.googleapis.com/maps/api/js?v=3.exp"></script>
    <script>
var geocoder;
var map;
function initialize() {
  geocoder = new google.maps.Geocoder();
  var latlng = new google.maps.LatLng(35.557935, 139.392853);
  var mapOptions = {
    zoom: 12,
    center: latlng
  }
  map = new google.maps.Map(document.getElementById('map-canvas'), mapOptions);
}
function codeAddress() {
  var address = document.getElementById('address').value;
  geocoder.geocode( { 'address': address}, function(results, status) {
    if (status == google.maps.GeocoderStatus.OK) {
      map.setCenter(results[0].geometry.location);
      var marker = new google.maps.Marker({
        map: map,
        position: results[0].geometry.location
      });
    } else {
      alert('ジオコーディングできませんでした。他の地名で検索してください：' + status);
    }
  });
}
google.maps.event.addDomListener(window, 'load', initialize);
    </script>
  </head>
  <body>
    <div id="panel">
      <input id="address" type="textbox" value="神奈川県相模原市中央区由野台3-1-1">
      <input type="button" value="Geocode" onclick="codeAddress()">
    </div>
    <div id="map-canvas"></div>
  </body>
</html>
```

地図には大きく分けて「一般図」と「主題図」があります。一般図とは特定の対象に注目するのではなく、対象区域の情報を平均的に描画したものです。代表的なものは衛星写真図や地形図です。地形図とは実在する地物や、高さを表す等高線、行政界のような架空の境界線など、所定の項目をすべて可視化して重畳（ちょうじょう）したものです。これに対して主題図は、例えば人口分布や土地利用図のように、ある特定の情報を表現することに特化した地図で、色の濃淡や必要であればグラフなども使って、目的とする数値をわかりやすく表現する必要があります。

特定の情報を表すのに特化した地図という意味では、案内図や天気図なども該当するかもしれません。いずれにしても、それぞれの目的に合った形でわかりやすく表現して、閲覧者がすばやく情報を得られるようにすることが重要です。

それでは皆さんの手元にある現地調査結果や妖怪目撃情報、さらには旅の記録などのデータはどのように地図上に展開するべきでしょうか。まずは、点の大きさはどの程度がよいか、点の色や種別はデータのどの項目に関連させるか、などを考えます。また、それだけでは場所がわかりづらい場合は地形図を背景にするべきでしょうか、それとも標高図を背景にしたほうがよいでしょうか。標高の表現は等高線がよいでしょうか、または段彩図のほうが見やすいでしょうか。はたまた、メッシュ毎に標高を色の濃淡で表現した画像のほうがよいでしょうか、その場合カラーテーブルはどのようにしたらよいでしょうか。

可視化にあたって考えるべきことは少なくありませんが、きれいな絵を描くような感覚で進めていくとそれなりに楽しくもあります。また、絵を描くのと違ってPC上で作業するぶんにはいくらでもやり直しができるので、試行錯誤をしながら進められます。せっかくなら、わかりやすく、かつ美しい図面を作りたいものですね。

第2章
オープンデータの基本

オープンデータの流れは、日本国内にとどまらず、世界的に進められています。また、地図情報に限るものでもありません。本章では、オープンデータの定義から動向、実際の活用事例などを説明します。

2.1 オープンデータの定義

　オープンデータはもちろん地理空間情報のみを示した用語ではなく、広くデータ一般に適用される概念です（ただし、本書の中で扱うデータは地理空間情報に限定されるので、少し違った範囲で捉えているところもあります）。

　Open Knowledge Foundationの「Open Data Handbook」（日本語版：URL https://opendatahandbook.org/guide/ja/what-is-open-data/）では、Open Definitionの定義に従うものをオープンデータとしており、次のように定義しています。

オープンデータとは、自由に使えて再利用もでき、かつ誰でも再配布できるようなデータのことだ。従うべき決まりは、せいぜい「作者のクレジットを残す」あるいは「同じ条件で配布する」程度である。

　また、Open Definition（URL https://opendefinition.org/od/2.1/ja/）の説明を要約すると、次のようになります。

- 利用できる、そしてアクセスできる
  データ全体を丸ごと使えないといけないし、再作成に必要以上のコストがかかってはいけない。望ましいのは、インターネット経由でダウンロードできるようにすることだ。また、データは使いやすく変更可能な形式で存在しなければならない
- 再利用と再配布ができる
  データを提供するにあたって、再利用や再配布を許可しなければならない。また、他のデータセットと組み合わせて使うことも許可しなければならない
- 誰でも使える

誰もが利用、再利用、再配布をできなければならない。データの使い道、人種、所属団体などによる差別をしてはいけない。例えば「非営利目的での利用に限る」などという制限をすると商用での利用を制限してしまうし「教育目的での利用に限る」などの制限も許されない

なぜそこまでして「オープン」の意味をはっきりさせたいのか、なぜその定義を使うことにしたのか、その答えは、一言で表すと「相互運用性」になります。つまり、オープンデータはデータを公開したから終わりということではありません。

2.1.1 地理空間情報の場合

地理空間情報の場合、データは国土地理院による基本測量や、国や公共団体などによる公共測量の成果であるため、利用にあたって条件が付いてくる場合があります。自由な形で再配布できるわけではありません。本書で扱うデータは、次のような条件を想定していますが、各データを使用する際の注意点はその都度説明しています。

- インターネットなどを通して容易に手に入れられるものであること
- 利用条件のはっきりしているものであること
- 利用条件によらず、無償で利用できるものであること

コラム 5スターオープンデータ

World Wide Web（WWW）の発明者でありLinked Dataの創始者でもあるティム・バーナーズ＝リーは、オープンデータのレベルを星の数で表わす「5スタースキーム」（表2-A）を提案しています。

位置情報のオープンデータでは、できれはGISで簡単に読み込める状態（星3つレベル）でデータを公開することが望まれます。

○表2-A　5スターオープンデータ　(URL) https://5stardata.info/ja/

星の数	説明
★	（どんな形式でもよいので）Webで利用可能であり、オープンライセンスでなくとも、今後オープンにされるもの
★★	データを構造化データとして公開しましょう（例：表のスキャン画像よりもテーブル形式）
★★★	非独占の形式を使いましょう（例：ExcelよりもCSV）
★★★★	上記に加えて、W3Cのオープンスタンダード（RDFとSPARQL）を使用し、他の人があなたのものを参照できるようにします
★★★★★	上記のすべてに加え、他の人がしかるべき文脈で使用するように、あなたのデータとLINKさせます

コラム ライセンスを理解しよう

現在、ライセンスの種類には多種多様な形態のものがあります。とりわけ話題に上ることが多い著作権以外にも知的財産権は認められています。また、近年、その対象は拡大される傾向にあり、今後ますますその重要性は高まるでしょう。

<著作権:創作された表現に与えられる権利>
- 著作者人格権:公表の有無や氏名の表示などを決定する権利であり、もともとの著者だけが持つ権利
- (財産権としての)著作権:複製権や頒布権などの著作物による利益に関する権利で、譲渡可能である

<産業財産権:産業の発展に関する権利>
- 特許権:発明に与えられる権利
- 実用新案権:考案に与えられる権利
- 意匠権:工業デザインに与えられる権利
- 商標権:商標および一体化した信用力に与えられる権利

▶公開されている地図情報サービスのライセンスポリシー

Google Maps APIではクリエイティブ・コモンズの表示3.0ライセンスにより使用許諾されます。また、サンプルコードはApache 2.0ライセンスにより使用許諾されます。詳細は、Google DevelopersのSite Policies (URL https://developers.google.com/site-policies) を参照してください。

国土地理院の基盤地図情報は、同FAQ (URL http://www.gsi.go.jp/kiban/faq.html) の5-6と5-7に次の記述があります。

- 5-6:基本的には、基盤地図情報を整備した機関が著作権を持っています。ただし、整備に当たって他の図面を二次利用して整備している場合は、当該図面の整備者も著作権を保有しています。詳細は、各データに添付されているメタデータ等を参照し、各データの整備者にお問合せください。
- 5-7:利用する際には、著作権者により手続が必要になる場合があります。詳細は、各データに添付されているメタデータ等を参照し各データの整備者にご確認ください。なお、国土地理院が作成する基盤地図情報については、基本測量成果という位置づけになることから、測量法等に基づく手続が必要になります。詳しくは、『測量成果の複製・使用』を御覧ください。

また、国土地理院の地図の利用手続として測量成果の使用・複製 (URL http://www.gsi.

go.jp/LAW/2930-index.html）も併せて参照してください。

　なぜ、このように複雑な法体系になってしまうのでしょうか。それは、現在のところ、直接的に地図情報を総べる法整備が十分に成熟していないためであると筆者は考えます。

　まず初めに、計算機科学が発達するにつれて精緻な地図をはじめとする巨大な情報を、ネットワークの高速化や機器の発展に伴って携帯電話などでも地図を閲覧できるようになりました。次に、汎用計算機および携帯機器に搭載されたWebブラウザの進化もあり、データだけではなく、地図の表現方法にもさまざまな加工が可能になりました。例えば、ブランドサイトでモノクロームの地図を表示することでサイト自体の高級感を演出したり、地図を水彩画風のデザインで描画するなどです。結果として、データに関する部分は著作権で、データを表示する方法は特許や実用新案で、データの表示するデザイン部分を意匠権で保護するということになります。

2.2 オープンデータを巡る動き

　オープンデータの定義である「自由に使えて再利用もでき、かつ誰でも再配布できるようなデータ」という概念自体は特に新しいものではありません。しかし、2009年頃から米国やEUで、また日本国内では2013年頃から政府や地方自治体などの公的機関を中心にオープンデータを推進する動きが活発になってきました。目的として、公的機関としての透明性の確保や公共サービス向上のほか、民間によるデータ活用の促進と、それによる経済の活性化が挙げられます。もちろん地理空間情報も、このような中で重要な役割を担っています。

　そこで、オープンデータの背景を理解するため、国際的な動向、日本政府や地方自治体の取り組み、市民／民間での活用などを見ていきます。

2.2.1 国際的な動向

　2009年に米国と英国で、行政情報をオープンにする取り組みとして政府によるデータポータルサイトが開設されました。それ以降も欧州を中心とした国々でオープンデータの取り組みが進み、2013年6月には英国のロックアーンで開かれた主要8カ国首脳会議で「オープンデータ憲章」の合意がなされました。

　オープンデータ憲章ではオープンデータに関する5つの原則（**表2-1**）が示されています。以後、各国政府はこの5つの原則に従うべくオープンデータへの取り組みが一層活発になってきています。

2.2.2 日本政府の取り組み

　日本では「オープンデータ憲章」に従いアクションプランを策定しています。その中で、国の保有するデータセットの公開やポータルサイトの開設を順次進めていくこと、また各地で開催されるハッカソンなどのイベントへ積極的に参加することがコミットメントされています。

○表2-1　オープンデータに関する5つの原則

原則	説明
原則としてのオープンデータ	政府のデータは原則としてすべて公開する
質と量	高品質で十分なデータをタイムリーに提供する
すべての者が利用できる	できるだけ多くのデータをオープンなフォーマットで公開する
ガバナンス改善のためのデータの公表	データを利用し意思決定を改善できるように、データの収集方法や基準、公表プロセスを透明化する
技術革新のためのデータの公表	データを利用した技術革新が進むように機械判読可能な形で公開する

○図2-1　DATA.GO.JPのWebサイト　(URL https://www.data.go.jp)

このアクションプランのとおり、2014年には各府省が保有データをオープンデータとして活用する「データカタログサイト」（図2-1）が開設され、2018年現在も随時、データが追加されています。

2.2.3　地方自治体の取り組み

オープンデータは、地方自治体にとっても「行政の見える化」や「住民が暮らしやすい街づくり」などを促進するものとして期待されています。そのため、各地方自治体によるデータ公開が進んでおり、同時にアイデアソンやハッカソンと呼ばれるイベントを開催し、データ利活用のアイデアも募っています。地方自治体によるオープンデータは、Appendix B「データカタログ」（225ページ）に挙げる各地方自治体のWebサイトから確認してください。

○図2-2　G-PortalのWebサイト　(URL https://gportal.jaxa.jp/gpr/)

2.2.4　公的研究機関の取り組み

　オープンデータは、広く国民にとっても「住民が暮らしやすい街づくり」や、安心、安全などを促進するものとして期待されています。そのため、例えば独立行政法人 宇宙航空研究開発機構（JAXA）でも地球観測衛星のデータ公開が進められていて（図2-2）、農業や漁業などの安定的な資源確保への応用的利用が期待されています。各地方自治体のWebサイトで公開されているデータと併せて利用することで、食糧以外にも防災や減災、ゲリラ豪雨や風雨雪害など利用シーンは拡大していくことでしょう。このように、技術さえあれば誰でも人工衛星のデータを利活用できるようになりつつあります。

2.2.5　市民／民間での活用

　オープンデータをどのように活用するかは今後の課題ですが、徐々に有益なWebサービスやアプリが出始めています。例えば、公開されている市町村の会計予算のデータをもとに、自分が支払っている税金が何に使われているかをわかりやすく可視化する「税金はどこへ行った？」（図2-3）や、自分が住む地区で今日が何のゴミ回収日だったかが一目でわかる「5374.jp」（図2-4）などがあります。今後は、オープンデータの市民や民間での活用から、ビジネスへの広がりも期待されています。

○図2-3　税金はどこへ行った？のWebサイト（URL http://spending.jp）

○図2-4　5374.jpのWebサイト（URL http://5374.jp）

2.3 公共のデータだけがオープンデータ？

　オープンデータは公共のデータに限らず民間主導で作成されたものも存在します。位置情報で代表的なものとして、「OpenStreetMap」（図2-5）があります。また、「LinkData.org」（図2-6）や「Project AERIAL」（図2-7）のように、行政から公開されているデータを一次データとして、二次加工により付加価値を高めたデータを公開することを目的とする活動もあります。

　このように、オープンデータは誰でも作成または参加できますが、一方でデータの公開に際して他人の財産やプライバシーに関わるものや、密漁、盗掘などに利用されるものなどを公開してしまわないように注意する必要があります。

○図2-5　OpenStreetMapのWebサイト　（URL https://www.openstreetmap.org）

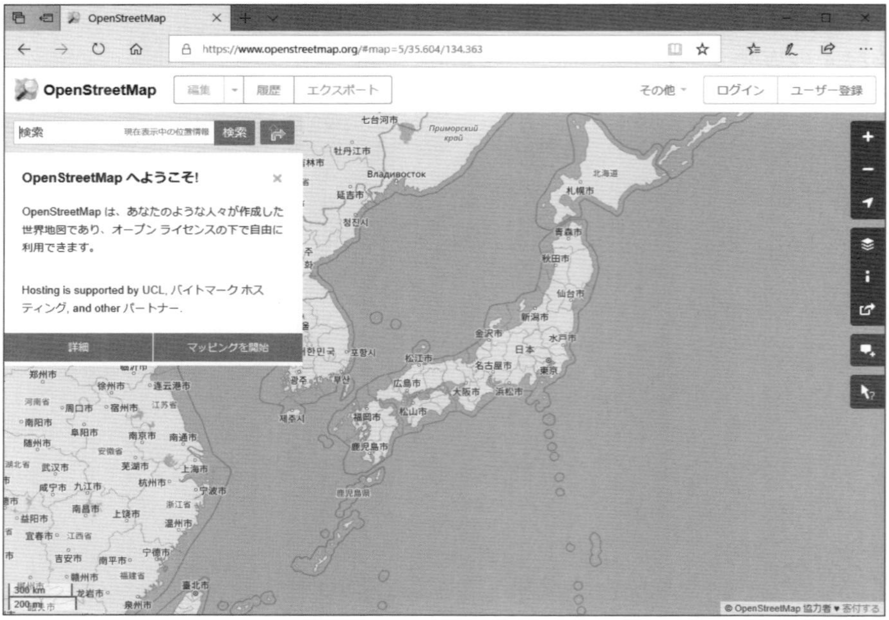

○図2-6　LinkData.orgのWebサイト（URL http://linkdata.org）

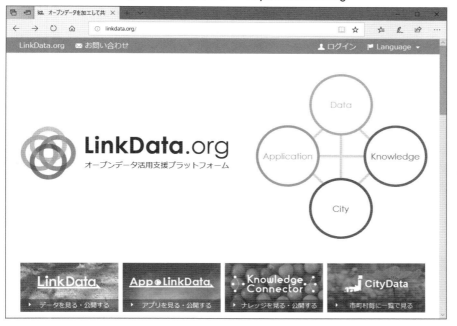

○図2-7　(staging)（URL https://staging.aerial-proj.org/）
　　　　(experimental)（URL http://aerial.geojackass.org/）

第3章 今、なぜ注目されているのか

位置情報の測位技術は、ますます高度化しています。それを裏付ける要素は何でしょうか？本章では、地理空間情報とオープンデータが注目されている理由と今後の課題などを説明します。

3.1 測位技術の充実

地理空間情報が注目されている理由の1つに、近年の測位技術の充実があります。代表的な技術をおさえておきましょう。

3.1.1 準天頂衛星「みちびき」

2010年、JAXA（宇宙航空研究開発機構）によって準天頂衛星「みちびき」が打ち上げられ、さまざまな実験が行われています。

準天頂衛星システムとは、米国のGPSを補完する形で日本上空に1機の日本の衛星を常時配置できるようにするための衛星運用形態です。GPSでは位置を割り出すために4機以上の衛星を捕捉する必要がありますが、ビルなどの影響で衛星からの信号の捕捉が難しい地域では、十分な衛星数を捕捉できない場合があります。常に日本の上空に1機以上の衛星があることによって、GPSでの位置の割り出しを補完できます。

また、準天頂衛星ではGPSの位置誤差を補正する信号を送信するので、これまでのGPSで得られていた以上の位置精度を出せるようになり、1m単位、数cm単位の高精度な測位が可能となります。

現在は「みちびき」1機が稼動しており、8の字を描く軌道の一部が日本上空を通過しています。今後さらに複数の衛星が打ち上げられ、どれかの衛星が常に日本上空にあることになります。ただし、24時間サービスを受けられるようになるにはもうしばらく時間がかかります。

2018年9月現在では、準天頂衛星は4号機までが打ち上げられており、2018年11月よりサービスが開始される予定です。さらに2023年までには7機体制で運用される予定です。

コラム GPSとは？

　一般的に、「GPSは現在地情報を取得するための機器」と思われている印象があります。しかし、本来は米国が運用する人工衛星のことです。Global Positioning Systemの頭文字を取ったもので「全地球測位網」と訳されます。実は、米国以外にも測位目的の衛星を所有している国があります（**表3-A**）。また、世界各国で位置情報の取得に利用する電波の周波数帯が異なります。

　日本は準天頂衛星「みちびき」（QZSS）をすでに打ち上げており、今後7機を追加する予定です。ただし、現在は日本が独自に所有する人工衛星の数が少ないため米国のGPSを借りる形になっています。また使用する電波は、米国の周波数と信号名に合わせています。

○表3-A　各国の測位目的の衛星

衛星名	所有国
GPS	米国
QZSS	日本
GLONASS	ロシア
Beidou	中国
Galileo	EU
IRNSS	インド

3.1.2 屋内測位

　GPSは衛星からの信号受信が前提であり、上空を見渡せない屋内ではGPSから位置を割り出すことはできません。現在の屋内測位技術には、Wi-Fiアクセスポイント、地磁気強度による測位、位置情報信号を発信する機器を屋内に設置する方式などがあります。

　屋内に設置する位置情報信号発信機器はBLE（Bluetooth Low Energy）、Wi-Fiアクセスポイント、不可聴音波ビーコン、IMES（Indoor Messaging System）などがありますが、設置コストや電力消費などの観点からBLEビーコンが主流になりつつあります。このような状況を踏まえて、国土地理院では「位置情報基盤を構成するパブリックタグ情報共有のための標準仕様」および「屋内測位のためのBLEビーコン設置に関するガイドライン」を策定し、パブリックタグの登録を促進して屋内外をシームレスに測位する環境の普及に努めています。

　高精度な位置情報を取得できるようになると、そこに結びついてくる情報（例えば商業店舗の入店から移動の軌跡や特定商品の前での滞在時間など）も多様になってきます。今後さらに、地理空間情報の可視化がミクロなレベルでも注目されていくことでしょう。

3.2 オープンソースソフトウェアの充実

これまで地図空間情報を扱うためには、高価なGISソフトが必要で、一部の専門家や業務担当者だけが携わるものでした。しかし、ここ数年でFOSS4G（Free Open Source Software for Geospatial）と呼ばれる、誰でも自由に利用できる地理空間のためのオープンソースソフトウェア（OSS）が充実してきました（表3-1）。

OSSとは、プログラムのソースコードを公開し、誰でも修正、再頒布可能なライセンスのもとで開発されているソフトウェアのことです。オープンソースソフトウェアは世界中の開発者が競うようにして機能を追加／修正しており、市販のソフトウェアと同等もしくはそれ以上の製品となっているものも少なくありません。そのため、これらのツールを使いこなせば、誰でも地図情報を操作でき、可視化や分析ができるようになりました。

○表3-1　おもなFOSS4Gツール

ツール	分類	URL
QGIS	デスクトップGIS	https://www.qgis.org
GRASS	デスクトップGIS	https://grass.osgeo.org
SAGA	デスクトップGIS	http://www.saga-gis.org
PostGIS	データベース	https://postgis.net
SpatiaLite	データベース	https://www.gaia-gis.it/gaia-sins/
MapServer	地図配信サーバ	https://mapserver.org
GeoServer	地図配信サーバ	http://geoserver.org
OpenLayers	ブラウザクライアント	https://openlayers.org
Leaflet	ブラウザクライアント	https://leafletjs.com
GMT	地図レンダリング	https://gmt.soest.hawaii.edu/projects/gmt
Orfeo Toolbox	画像処理	http://orfeo-toolbox.org/otb/
R（空間解析機能）	空間統計処理	https://www.r-project.org
GDAL	地理空間情報ライブラリ	https://www.gdal.org/
GEOS	地理空間情報ライブラリ	https://trac.osgeo.org/geos/

※参考：OSGeo Live　URL https://live.osgeo.org/en/overview/overview.html

コラム　OSGeo財団

OSGeo財団（The Open Source Geospatial Foundation）は、オープンソースのGISソフトウェアの開発、普及に関する財務的、組織的、法的な支援を行っている非営利の財団です。多くのオープンソースGISソフトウェアがOSGeo財団の傘下で開発が進められています。OSGeo財団のWebサイト（URL https://www.osgeo.org）には同財団が支援している各プロジェクトへのリンクがあります。

また、OSGeo財団では毎年一度「FOSS4G Conference」という世界カンファレンスを開催しており、各国からオープンソースGISに関わるデベロッパやユーザなど多くの人たちが参加しています。

　OSGeo財団ではメーリングリストを開設しており、さまざまなアナウンスやディスカッションを行っています（URL https://www.osgeo.org/content/faq/mailing_lists.html）。メーリングリストには誰でも参加できます。

　日本にはOSGeo財団日本支部（URL https://www.osgeo.jp）があり、日本国内における普及活動を行っています。具体的には本書でも取り上げるQGISの日本語化などの国内向けの開発や、毎年一度開催される「FOSS4G Tokyo」「FOSS4G Kansai」「FOSS4G Hokkaido」「FOSS4G Tokai」などのイベントを開催しています。そのほか、会員が主催するイベントや講習会などの後援を行っています。

　OSGeo財団日本支部でもメーリングリスト（URL https://www.osgeo.jp/mailing_list）を開設しており、誰でも参加できます。

3.3 位置情報の利用に対する期待と課題

　測位技術が発達したことで、精度の高い位置情報を持ったデータの収集がとても容易になっています。業務用の専門的な機器はもとより、個人で扱えるハンディGPSやスマートフォンにも組み込まれているGPSもより活用されていくでしょう。

　これまで収集できなかった高い位置精度を実現できることから、業務での使用例として店舗内での移動の軌跡というような使われ方も予想されます。また個人からの情報発信／報告を収集するケースでは、位置精度が上がってくるので、情報の分析が重要になるかもしれません。収集されるデータは、個人情報と判断されるものは難しいですが、オープンデータの流れに乗って公開されていくものも多くなるでしょう。こうして手に入れた位置情報を含むデータの可視化や分析が、個人レベルでも可能になるツールも充実してきています。

　このように、位置情報を利用するための下地は近年急速に発展してきています。それを活用して、市民による問題解決やビジネス創出につながることが期待され、アイデアソンやハッカソンといったイベントも活発に行われています。ぜひ多くのアイデアを形にしていただきたいと思います。ただし位置情報の取り扱いにはコツを要することがあります。せっかく下地が整ってきたのに、最初のとっかかりでつまずいてしまってはもったいないです。ソフトウェアの使い方や、ライセンスへの理解を含む、データ活用のための実践指南が充実していくことも必要不可欠になるでしょう。

Part II
データを準備する

　本Partでは、まずは地理空間情報や地図データはどこから入手できるのか、そしてデータのフォーマットはどのようなものがあるのか見ていきます。さらに利用する際に遵守すべきライセンスについて説明します。

第4章：オープンデータを使う
第5章：代表的なファイルフォーマット
第6章：ライセンス

Part II：データを準備する

第4章
オープンデータを使う

あらかじめ、どこで、どういったデータが公開されているか知っておくことは、あなたのアイデアが実現可能なものかの判断を容易にしてくれるでしょう。本章では、オープンデータの探し方を説明します。

4.1 オープンデータを探す

本書の目的は地理空間情報の可視化です。最初に基本となる地図データを探しましょう。

まずはインターネットで「地図データ」をキーワードに検索してみてください。地図会社から提供される種々のデータが表示されます。データは使いやすい形に加工し、独自の更新を加えて、さらに表現を工夫して提供されています。もちろん本格的な用途や、必要となる種類のデータがそこでしか手に入らないのであれば、有償で提供されているデータを使用することも検討してみてください。

4.1.1 国土地理院

検索結果をもう少し見てみると、国土地理院が提供しているデータも表示されています。国土地理院は日本国内の「すべての測量の基本となる測量（基本測量）」を行っている組織です。測量成果は決められた利用手続きに従って複製／使用できます（地図も測量成果に含まれます）。

地図データといえば、まずは国土地理院から提供されているものを探すのが王道になります。国土地理院のデータ提供の動きはとても素早く、利用者の利便性を考えた提供をしてくれています。一例として、地理院地図（図4-1）を覗いてみましょう。とても多くの情報が提供されていることがわかります。国土地理院が提供しているさまざまな地図や航空写真を拡大／縮小／スクロールしながら閲覧でき、災害時には被災地の航空写真もいち早く公開されるようになっています。また、一部の地図については、GISへインターネット越しに表示することもできます。

○図4-1　地理院地図　(URL https://maps.gsi.go.jp)

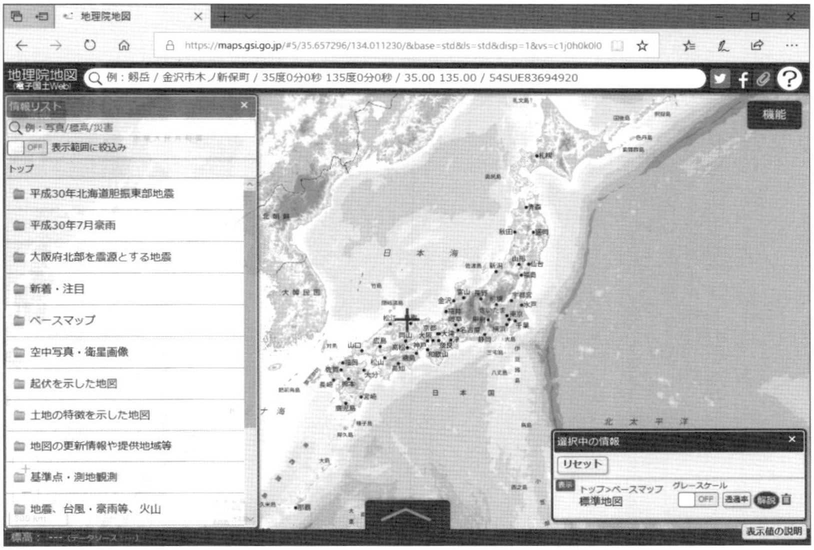

4.1.2　官庁と地方公共団体

　基本的な地図のデータは、国土の整備、住民へのサービスに欠かせない情報のため、国土地理院だけではなく、国や地方公共団体によって整備／提供されています。国の機関や必要な地域の地方公共団体のWebサイトも確認してください。

　基本的な地図データだけでは、地図を見て楽しむだけで終わってしまいます。地図上になんらかの情報を重ねていくことで、これまで見えなかった問題が見えてきます。重ねていく情報は何を表現したいかによって変わってくるため一概には言えませんが、基本となるデータ同様に国や地方公共団体から提供されているデータが多くあります。

　まずは必要な情報を扱っている官庁、扱っている地域の地方公共団体のWebサイトを見ることから始めましょう。

4.1.3　その他

　もちろんオープンデータは公共団体から出ているものだけではありません。オープンストリートマップのように自分たちでデータを作る活動も行われています。企業のホームページでもさまざまなデータが公開されています。必要なデータが使いやすい形で提供されていない場合は、利用上の注意を確認して、自分たちでデータを収集／加工することもできます。

　Appendix B「データカタログ」（223ページ）にオープンデータを公開している機関や公開されているデータのうち代表的なものをまとめているので参考にしてください。

4.2 カタログサイトの利用

　どういったデータがどこで公開されているかを、利用者側ですべて把握しておくことは困難です。公開する側としても、せっかく公開したデータが活用されなくては意味がありません。データ利用側と提供側の双方のニーズに応えるべくカタログサイトの構築も進んでいます。

　2014年から公開されている「DATA GO.JP」（URL https://www.data.go.jp）では、2018年8月19日現在で、2万1,647件のデータセットが登録されています。DATA GO.JPの場合、データは組織別やタグから検索できます（図4-2）。地理空間情報に限らずさまざまなデータが公開されていますので、可視化やサービスのアイデアのもととして一度覗いてみてください。

　産官学のさまざまな機関が保有する地理空間情報を円滑に流通させることを目的に設立された「G空間情報センター」（図4-3）からも、データを収集できます。「クリエイティブ・コモンズ表示」などのライセンスで絞ることによって、オープンデータに限った検索が可能です。G空間情報センターの場合は、民間各社が出している有償のデータも登録されています。オープンデータだけにとらわれず、どのような地理空間情報データが流通しているのかを確認してみることもお勧めします。

○図4-2　DATA GO.JPの［データ］⇒［タグ］⇒［その他］

○図4-3　G空間情報センター（🔗 https://www.geospatial.jp/）

Part II：データを準備する

第5章 代表的なファイルフォーマット

公開されているファイルフォーマットはオープンデータと言っても、地図や表をスキャンしたものや住所をExcelに入力したもの、ShapefileなどGISで扱える形式になっているものなどさまざまです。本章では、オープンデータとして公開されている位置情報の代表的なファイルフォーマットについて説明します。

5.1 CSV

CSV（Comma Separated Values）は各フィールド（列）をカンマ（,）で区切り、各レコード（行）を改行で区切ったテキストファイルです（リスト5-1）。

地理空間情報でCSVを使用する場合は、フィールドに位置座標（緯度、経度など）を記録する列と、その属性を記録する列を用意します。また、1行目をフィールド名とし、2行目以降を実際のデータレコードとしておくと扱いやすくなります。

基本的にポイントデータの場合は、緯度と経度の位置座標をそれぞれのフィールドに記載します。ラインやポリゴンを扱う場合、もしくはポイントでも1フィールドに図形を記載する場合は、図形をWell-known textという書式に従って記載します（リスト5-2）。また、緯度経度で位置座標を記録する場合は、10進表示に変換しておかないとGISでは読み込めない場合が多いです。

そのほか、CSVフォーマットに似た形式で、各フィールドをタブで区切った「タブ区切り」や半角スペースで区切った「スペース区切り」などもあります。これらをまとめて「デリミ

○リスト5-1　CSVの例

```
山名,緯度,経度,標高
槍ヶ岳,36.341944,137.6475,3180
奥穂高岳,36.289167,137.648056,3190
野口五郎岳,36.4325,137.637778,2924
```

○リスト 5-2　Well-known textで図形を記載した例

```
山名,座標,標高
槍ヶ岳,"POINT(36.341944 137.6475)",3180
奥穂高岳,"POINT(36.289167 137.648056)",3190
野口五郎岳,"POINT(36.4325 137.637778)",2924
```

ティッドテキスト」と呼び、同様のものとして扱うことがあります。

5.2 XML

　XML（Extensible Markup Language）は汎用的なマークアップ言語として策定されたテキストファイルです。タグによって文書を意味づけし、ツリー構造によって文書を構造化します。XMLは任意のタグを定義できるので、用途に応じて個別の目的に対応させられます。その汎用性から、今日ではあらゆる場面でXMLが利用されています。GISでもXMLファイルはさまざまな場面で利用されています。

　XMLに準拠したものとして、後述するKML（Keyhole Markup Language）、GML（Geography Markup Language）、基盤地図情報（**リスト5-3**）や国土数値情報で用いられているJPGIS形式が挙げられます。

　また、XMLはメタデータの記述や設定ファイルなどの用途にも利用されます。例えば、

○リスト5-3　基盤地図情報ヘッダ部分の例

```xml
<?xml version="1.0" encoding="Shift_JIS"?>
<GI xsi:schemaLocation="http://fgd.gsi.go.jp/ spec/2008/FGD_DLD_Schema FGD_DLD_Schema3.0.xsd"
  xmlns:jps="http://www.gsi.go.jp/GIS/jpgis/standardSchemas2.1_2009-05"
  xmlns:xsi="http://www.w3.org/2001/XMLSchema-instance"
  xmlns:xlink="http://www.w3.org/1999/xlink"
  xmlns="http://fgd.gsi.go.jp/spec/2008/FGD_DLD_Schema"
  version="1.0"
  timeStamp="2012-09-25T10:59:29">
  <exchangeMetadata>
    <jps:datasetCitation>
      <jps:title>基盤地図情報ダウンロードデータ（JPGIS版）</jps:title>
      <jps:date>
        <jps:date>2011-12-21</jps:date>
        <jps:dateType>001</jps:dateType>
      </jps:date>
    </jps:datasetCitation>
    <jps:metadataCitation>
      <jps:title>基盤地図情報メタデータ ID=fmdid:11-5358</jps:title>
      <jps:date>
        <jps:date>2011-12-21</jps:date>
        <jps:dateType>001</jps:dateType>
      </jps:date>
    </jps:metadataCitation>
    <jps:encodingRule>
      <jps:encodingRuleCitation>
        <jps:title>JPGIS 附属書8 XMLに基づく符号化規則</jps:title>
        <jps:date>
          <jps:date>2008-03-31</jps:date>
          <jps:dateType>001</jps:dateType>
        </jps:date>
      </jps:encodingRuleCitation>
      <jps:toolName />
      <jps:toolVersion />
    </jps:encodingRule>
  </exchangeMetadata>
... 以下略 ...
```

○リスト5-4　AUXファイル（.aux）の例

```
<PAMDataset>
  <PAMRasterBand band="1">
    <Histograms>
      <HistItem>
        <HistMin>-32786.2505</HistMin>
        <HistMax>3751.2505</HistMax>
        <BucketCount>1000</BucketCount>
        <IncludeOutOfRange>0</IncludeOutOfRange>
        <Approximate>1</Approximate>
        <HistCounts>1096631|0|0|0|0|0|0|0|0|0|0|0|0|0|0|0|0|0|0|0|0|0|0|0|0|0|0|0|0|0|0|0
|0|0|0|0|0|0|0|0|0|0|0|13704|10871|9864|9208|9077|8535|7010|7456|6808|6430|6077|6202|5989
|5849|5348|5137|5046|4608|4345|3708|3776|3385|3147|2938|2711|2468|2372|2277|2064|1944|1695|1646|1
492|1379|1281|1211|1087|1055|881|882|836|782|778|721|592|601|600|495|458|392|329|288|304|253|236|
217|204|171|143|132|101|122|92|78|84|88|84|75|70|55|43|41|48|37|25|10|14|15|6|3|3|5|1|1|2|2|2|1
|2|2|2|2|2|2|2|1|3|4|2</HistCounts>
      </HistItem>
    </Histograms>
    <Metadata>
      <MDI key="STATISTICS_MAXIMUM">3733</MDI>
      <MDI key="STATISTICS_MEAN">-26893.652698949</MDI>
      <MDI key="STATISTICS_MINIMUM">-32768</MDI>
      <MDI key="STATISTICS_STDDEV">12681.434046253</MDI>
    </Metadata>
  </PAMRasterBand>
</PAMDataset>
```

ラスタデータの統計値などを保存するAUXファイル（**リスト5-4**）や、本書でも取り上げるQGISのプロジェクトファイル（.qgs）、スタイル設定ファイル（.qml）、GDALで用いられるバーチャルフォーマット（.vrt）などがあります。

5.3 ESRI Shapefile

　GISで最も使われているファイル形式が「ESRI Shapefile[注1]」です。ESRIと付けて表記しているのは「ArcGIS」という商用GISを展開しているESRI社が提唱したフォーマットだからです。

　Shapefileの特長は、次のとおりです。

- ファイル名が同じで、拡張子の違ういくつかのファイルで構成されている
- 1つのShapefileには1つの図形タイプ（基本的には点、線、面のうちどれか）しか入れられない

　また、ShapefileはCSVとXMLとは違ってバイナリ形式なので、テキストエディタで書き換えることはできません。Shapefileに対応したソフトウェアが必要です。

　Shapefileの代表的な構成は**表5-1**の4ファイルです。ソフトウェアによっては、この他に

注1　「Shapeファイル」「Shape形式」のように表記されている場合がありますが、正式な表記は「Shapefile」です。

〇表5-1　Shapefileを構成する代表的な4ファイル

拡張子	役割
.shp	メインの図形要素ファイル
.shx	図形要素へのインデックスファイル
.dbf	属性テーブル
.prj	空間参照系の定義ファイル

もいくつかファイルが作られる場合がありますが、一般的には上の3つ（.shp、.shx、.dbf）があれば最低限開くことができます。ファイルを開く際は、代表として.shp拡張子のファイルを指定する場合が多いです。

5.4 GeoPackage

　ESRI Shapefileは多くのGISが対応しているため、標準的に用いられているのが現状です。ただし、仕様の策定から年月が経っており、GISソフトやPCの進歩に伴っていない部分がでてきています。複数ファイルへ別れて保存されるためファイルの取り扱いが煩雑になる、ファイル容量が2GBまでと制限があるため近年のデータ大容量化に対応できない、属性名の文字列に制限がある、などが挙げられます。

　GeoPackageは、ベクトルデータ、ラスタデータ、タイルに切ったラスタデータ、その他位置情報のみではない属性情報などを1ファイルのデータベースに格納します。拡張子は「.gpkg」です。必要なデータを1ファイルにまとめられるので、データの受け渡しがとても楽になります。

　Open Geospatial Consortium, Inc.（OGC）がオープンな仕様として策定しており、すでに多くのソフトウェアが対応しています。今後、GIS業界での標準的なフォーマットとなることが期待されます。

5.5 GeoJSON

　GeoJSONは軽量なデータ記述言語のJSON（JavaScript Object Notation）を地理空間情報用途にしたデータの形式です。JSON形式のデータはWebサービスで広く使われており、GeoJSONについてもWeb地図で位置情報を公開する際に用いられることが多いです。また、Shapefileとは異なり、通常のテキストエディタでも編集可能なため、Web地図での利用だけではなくデスクトップGISでも利用されてきています。

　ジオメトリオブジェクトの記述例を**表5-2**にします。また、**図5-1**を表示するサンプルは**リスト5-5 〜 5-8**のようになります。

表5-2　ジオメトリオブジェクトの記述例

ジオメトリオブジェクト	coordinatesメンバーの記述
Point	単一の位置
MultiPoint	位置の配列
LineString	2つ以上の位置の配列
MultiLineString	LineString座標配列の配列
Polygon	LinearRing※座標配列の配列（複数の環を持つPolygonsでは、最初の要素は外側の環になる。その他は内側か穴）
MultiPolygon	Polygon座標配列の配列

※ LinearRingは、閉じられる特別なLineStringのこと。例えば四角形を描く場合、4点のcoordinatesを配列で記述しても閉じられないため、5番目に最初のcoordinatesと同じ座標を記述する

図5-1　ドーナツポリゴンの表示

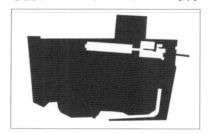

リスト5-5　Point

```
{
"type": "FeatureCollection",
"crs": { "type": "name", "properties": { "name": "urn:ogc:def:crs:OGC:1.3:CRS84"
} },

"features": [
{ "type": "Feature", "properties": { "Name": "協生館", "Description": "" },
"geometry": { "type": "Point", "coordinates": [ 139.6473240852356,
35.552392317040564, 0.0 ] } }
]
}
```

○リスト5-6　Line

```
{
"type": "FeatureCollection",
"crs": { "type": "name", "properties": { "name": "urn:ogc:def:crs:OGC:1.3:CRS84"
} },

"features": [
{ "type": "Feature", "properties": { "Name": "矢上ルート", "Description": "" },
"geometry": { "type": "LineString", "coordinates": [ [ 139.64952886104584,
35.55438900773931, 0.0 ], [ 139.64968979358673, 35.554539575841062, 0.0 ],
[ 139.64989632368088, 35.554417375664151, 0.0 ], [ 139.65011358261108,
35.554618132999288, 0.0 ], [ 139.65058296918869, 35.55504146747117, 0.0 ],
[ 139.65073585472464, 35.555151664766626, 0.0 ], [ 139.65085789529849,
35.555202399176089, 0.0 ], [ 139.65090416353519, 35.555040103368491, 0.0 ],
[ 139.65092360973358, 35.555010917635691, 0.0 ], [ 139.65100944042206,
35.554912721657004, 0.0 ], [ 139.65157806873322, 35.55522913049095, 0.0 ],
[ 139.65184763072932, 35.555368786380448, 0.0 ], [ 139.65207092462015,
35.555488803005709, 0.0 ], [ 139.65218525377452, 35.555517170553486, 0.0 ],
[ 139.65232221423469, 35.555486075365877, 0.0 ], [ 139.65237325999033,
35.555461253754494, 0.0 ], [ 139.65242564678192, 35.555435341093307, 0.0 ],
[ 139.65248867858395, 35.555400427207502, 0.0 ], [ 139.65257300058443,
35.555361149039399, 0.0 ], [ 139.6526667102537, 35.555324598461524, 0.0 ],
[ 139.65275371443852, 35.555300867888306, 0.0 ], [ 139.65283803637965,
35.555286411285223, 0.0 ], [ 139.65296980011396, 35.555281501398355, 0.0 ],
[ 139.65307608246803, 35.555277137239358, 0.0 ], [ 139.65312503278392,
35.555273318527981, 0.0 ], [ 139.65315386652946, 35.555271681928538, 0.0 ],
[ 139.65361386537552, 35.555253679399996, 0.0 ] ] } }
]
}
```

○リスト5-7　Polygon

```
{
"type": "FeatureCollection",
"crs": { "type": "name", "properties": { "name": "urn:ogc:def:crs:OGC:1.3:CRS84"
} },

"features": [
{ "type": "Feature", "properties": { "Name": "湘南藤沢キャンパス", "Description": "" },
"geometry": { "type": "Polygon", "coordinates": [ [ [ 139.42771553993225,
35.391289055217626, 0.0 ], [ 139.42506551742554, 35.392426068449467, 0.0 ],
[ 139.42480802536011, 35.390659317914576, 0.0 ], [ 139.42504405975342,
35.38992461817962, 0.0 ], [ 139.42521572113037, 35.388630130933961, 0.0 ],
[ 139.42480802536011, 35.387230661891905, 0.0 ], [ 139.4245719909668,
35.386058587885913, 0.0 ], [ 139.42525863647461, 35.3848515087953, 0.0 ],
[ 139.42564487457275, 35.384816520726211, 0.0 ], [ 139.42581653594971,
35.38458909790721, 0.0 ], [ 139.42639589309692, 35.384746544542487, 0.0 ],
[ 139.42656755447388, 35.38451912152621, 0.0 ], [ 139.42802667617798,
35.384711556427881, 0.0 ], [ 139.42802667617798, 35.386163550431483, 0.0 ],
[ 139.42859530448914, 35.386434703042056, 0.0 ], [ 139.42887425422668,
35.386041094115065, 0.0 ], [ 139.42992568016052, 35.386303500279773, 0.0 ],
[ 139.43036556243896, 35.386898284426202, 0.0 ], [ 139.43075180053711,
35.387772959027217, 0.0 ], [ 139.43109512329102, 35.388122826211841, 0.0 ],
[ 139.43204988970032, 35.389189911751934, 0.0 ], [ 139.43133115768433,
35.389417321599495, 0.0 ], [ 139.43095564842224, 35.389338602878659, 0.0 ],
[ 139.4305694103241, 35.389513533265045, 0.0 ], [ 139.42977547645569,
35.389224897924066, 0.0 ], [ 139.4281017780304, 35.389294870222784, 0.0 ],
[ 139.42741513252258, 35.389539772790279, 0.0 ], [ 139.42771553993225,
35.391289055217626, 0.0 ] ] ] } }
]
}
```

○リスト 5-8　Polygon（donuts）

```
{"
type": "FeatureCollection",
"crs": { "type": "name", "properties": { "name": "urn:ogc:def:crs:OGC:1.3:CRS84"
} },

"features": [
{ "type": "Feature", "properties": { "Name": "三田キャンパス", "Description": null,
"Name_2": null, "Descript_2": null }, "geometry": { "type": "Polygon",
"coordinates": [ [ [ 139.74137037992477, 35.648451981648712, 0.0 ],
[ 139.74132478237152, 35.649009953470291, 0.0 ], [ 139.7412496805191,
35.649836006159752, 0.0 ], [ 139.74150717258453, 35.649831647065064, 0.0 ],
[ 139.74151253700256, 35.649783697007948, 0.0 ], [ 139.74299043416977,
35.649788056105237, 0.0 ], [ 139.74303603172302, 35.650278453031952, 0.0 ],
[ 139.74363952875137, 35.650247939533237, 0.0 ], [ 139.74361270666122,
35.64977933791041, 0.0 ], [ 139.74424839019775, 35.649764081067175, 0.0 ],
[ 139.74423497915268, 35.649628948899966, 0.0 ], [ 139.74420815706253,
35.649628948899966, 0.0 ], [ 139.74419742822647, 35.649563562285373, 0.0 ],
[ 139.74422961473465, 35.649559203175826, 0.0 ], [ 139.74421888589859,
35.649474200492193, 0.0 ], [ 139.74448710680008, 35.649443686686269, 0.0 ],
[ 139.74448710680008, 35.649406634191983, 0.0 ], [ 139.74421620368958,
35.649443686686269, 0.0 ], [ 139.74420011043549, 35.649243167100217, 0.0 ],
[ 139.74422693252563, 35.649199575819281, 0.0 ], [ 139.74403381347656,
35.648092349230766, 0.0 ], [ 139.7428885102272, 35.648072732951583, 0.0 ],
[ 139.74287778139114, 35.648103247281178, 0.0 ], [ 139.74378436803818,
35.64815337794019, 0.0 ], [ 139.74385410547256, 35.648201328975922, 0.0 ],
[ 139.74383860977173, 35.648260177934944, 0.0 ], [ 139.7439399361604,
35.648739686355889, 0.0 ], [ 139.74386483430862, 35.648746225087194, 0.0 ],
[ 139.74381387233734, 35.648297230960992, 0.0 ], [ 139.74367171525955,
35.648205688175943, 0.0 ], [ 139.74328011274338, 35.648186071831326, 0.0 ],
[ 139.74315941333771, 35.648247100392261, 0.0 ], [ 139.74297299981117,
35.648265626910465, 0.0 ], [ 139.74271953105927, 35.648276524860322, 0.0 ],
[ 139.74266320466995, 35.64818062285039, 0.0 ], [ 139.7426363825798,
35.648179533054169, 0.0 ], [ 139.7426363825798, 35.648154467736795, 0.0 ],
[ 139.74261492490768, 35.648151198346987, 0.0 ], [ 139.74261492490768,
35.648122863629752, 0.0 ], [ 139.74256932735443, 35.648120684035703, 0.0 ],
[ 139.7425639629364, 35.648149018753699, 0.0 ], [ 139.7421307861805,
35.648137030989631, 0.0 ], [ 139.74192425608635, 35.648243831006241, 0.0 ],
[ 139.74187329411507, 35.648333194175734, 0.0 ], [ 139.74185317754745,
35.648462879573181, 0.0 ], [ 139.74169492721558, 35.648454161623373, 0.0 ],
[ 139.74158227443695, 35.648347361498310, 0.0 ], [ 139.74137037992477,
35.648451981648712, 0.0 ] ], [ [ 139.74244326353073, 35.649727028721486, 0.0 ],
[ 139.74243521690369, 35.649672539946607, 0.0 ], [ 139.74240571260452,
35.649676899049972, 0.0 ], [ 139.74239498376846, 35.649594076045503, 0.0 ],
[ 139.74243253469467, 35.649591896491579, 0.0 ], [ 139.74242448806763,
35.649541766735290, 0.0 ], [ 139.74333643913269, 35.649474200492193, 0.0 ],
[ 139.74334180355072, 35.64954176673529, 0.0 ], [ 139.74349200725555,
35.649530868957989, 0.0 ], [ 139.74348127841949, 35.649406634191983, 0.0 ],
[ 139.74392384290695, 35.649376120360252, 0.0 ], [ 139.74392384290695,
35.649349965638045, 0.0 ], [ 139.74398016929626, 35.649345606516846, 0.0 ],
[ 139.74398821592331, 35.649408813750938, 0.0 ], [ 139.74395871162415,
35.649406634191983, 0.0 ], [ 139.74396407604218, 35.649491636947495, 0.0 ],
[ 139.74400699138641, 35.649487277834027, 0.0 ], [ 139.74401503801346,
35.649580998721156, 0.0 ], [ 139.74388629198074, 35.649585357829508, 0.0 ],
[ 139.74388763308525, 35.649600614706891, 0.0 ], [ 139.74387019872665,
35.649600614706891, 0.0 ], [ 139.74387489259243, 35.649616416469648, 0.0 ],
[ 139.74394395947456, 35.649607153367711, 0.0 ], [ 139.74395200610161,
35.649672539946607, 0.0 ], [ 139.74383801221848, 35.649677443937868, 0.0 ],
[ 139.74382862448692, 35.649615326693016, 0.0 ], [ 139.74384270608425,
35.649615871581318, 0.0 ], [ 139.74384002387524, 35.649600614706891, 0.0 ],
[ 139.74382929503918, 35.649603884037369, 0.0 ], [ 139.74382191896439,
35.649522150735102, 0.0 ], [ 139.74375888705254, 35.649525420068805, 0.0 ],
```

```
    [ 139.74375955760479, 35.649542856512937, 0.0 ], [ 139.74356710910797,
35.649558658287113, 0.0 ], [ 139.74357046186924, 35.649580453832598, 0.0 ],
[ 139.74378168582916, 35.649563017396687, 0.0 ], [ 139.74379979074001,
35.649722124733328, 0.0 ], [ 139.7435174882412, 35.649742285571797, 0.0 ],
[ 139.74349871277809, 35.649584268052443, 0.0 ], [ 139.74334985017776,
35.649592986268566, 0.0 ], [ 139.7433565557003, 35.64966273196319, 0.0 ],
[ 139.74244326353073, 35.649727028721486, 0.0 ] ] ] } }
]
}
```

○リスト5-9　KMLの記述例（目印）

```
<?xml version="1.0" encoding="UTF-8"?>
<kml xmlns="http://www.opengis.net/kml/2.2"> <Placemark>
  <name>青葉城</name>
  <description>伊達政宗によって築造された城。仙台城の別名。</description>
  <Point>
  <coordinates>140.856156,38.252478,0</coordinates>
  </Point>
  </Placemark>
</kml>
```

5.6 KML

　KMLは3次元の地理空間情報を管理するために開発されたフォーマットで、Google Earthで採用されています。名前の由来は、Google Earthの前身となるKeyhole用のファイルフォーマット「Keyhole Markup Language」で、マークアップ言語で記述されたテキストファイルです。現在では、Open Geospatial Consortium, Inc.（OGC）が維持管理する国際標準のフォーマットになっています（**リスト5-9**）。

　KMLで記述できる内容は、目印、パス、ポリゴンのほか、スタイル、地面オーバーレイ、3次元モデル、カメラビュー、時間、ネットワークリンクなど数多くあります。ただし、現在、その多くの機能はGoogle Earthが対応するのみで、通常のGISソフトでは、基本的な目印、パス、ポリゴン部分のみの対応となっています。

5.7 位置情報付きの画像

　ここでいう位置情報とは撮影された場所を表すものではなく、例えば衛星画像のように地表を撮影した画像が、地上のどの位置に対応するかというものです。

　一般的な画像ファイルには位置情報を記録できませんが、GISで用いられる一部の画像フォーマットでは位置情報を記録できます。このうち最も広く利用されているものが「GeoTIFF」です。その他、衛星画像の配布形式で用いられることが多い「HDF（Hierarchical Data Format）」や「Erdas Imagine .img（HFA）」などがあります。

5.7.1 位置情報の表し方

　画像データの位置情報の定義の仕方は大きく分けて2種類あります。1つは画像中の任意のピクセルに対応する地上座標と画像のピクセルの地上サイズ（地上解像度）を記録する方式で、画像の上方向は北向きであることが前提です。GeoTIFFフォーマットではModelTiepointTagとModePixelScaleTagに記録されます。**リスト5-10**は、それぞれのタグに記録されている値の例です。

　リスト5-10のModelTiepointTagは画像座標（0, 0, 0）が地上座標（128, 47, 0）に対応し、ModelPixelScaeTagはピクセルの地上解像度がX軸方向「0.0077339」、Y軸方向「0.0077343」であることを表しています。Z軸方向のタイポイントとピクセルスケールも定義きますが、ほとんど利用されません。

　もう1つは座標変換行列を利用して表す方式です。GeoTIFFフォーマットではModelTransformationTagに記録され、回転と平行移動を表す4×4の行列で表されます（**リスト5-11**）。ModelTransformationTagに記録されている行列を各ピクセルの画像座標に適用すると地上における3次元同次座標が得られます。

5.7.2 ワールドファイル（.tfw、.wld）

　GeoTIFFなどの一部のフォーマット以外では位置情報をファイル内に記録できないので、ワールドファイルと呼ばれる画像ファイルと同名のテキストファイルに位置情報を記録します。

　ワールドファイルのファイル名は画像ファイルと同じで、拡張子は「.wld」または「.tfw」とします。例えば、hoge.jpgファイルに対するワールドファイルはhoge.wldです。ワールドファイルの書式は6行からなる数値で、それぞれがアフィン変換の各係数に対応しています。例として、次の値が記録されているとします。

○リスト5-10　GeoTIFFタグの例

```
ModelTiepointTag (2,3):
0              0              0
128            47             0
ModelPixelScaleTag (1,3):
0.0077339 0.0077343 0.0
```

○リスト5-11　GeoTIFFタグ、座標変換行例の例

```
ModelTransformationTag (4,4):
60             0              0              290775
0              -60            0              4103745
0              0              1              0
0              0              0              1
End_Of_Tags.
```

9.742
-2.252
-2.252
-9.742
220449.172
2025569.513

この場合、画像座標（u, v）の地上座標（X, Y）は次の式で求められます。

X = 9.742u - 2.252v + 220449.172
Y = -2.252u - 9.742v + 2025569.513

　特に、画像の上方向が北である場合はModelTiepointTagとModelPixelScaleTagの場合とほぼ同じで、1行目にはX軸方向の地上解像度、2行目と3行目には0、4行目にはY軸方向の地上解像度、5〜6行目にはそれぞれX軸方向とY軸方向の移動量が記録されます。また、画像座標は通常左上が原点で下方向がプラスと定義されているので、Y軸方向の地上解像度はマイナスの値が記録されます。

　その他、ENVI Raster形式のように画像データをRAW形式で保存し、ヘッダファイルを別途用意して座標値や空間参照系を記録するフォーマットもあります。

5.7.3 空間参照系の記録

　空間参照系の記録は、GeoTIFF形式の場合はGeoKeyDirectoryTag内にGeoKeyと呼ばれるキー定義タグと、GeoDoubleParamsTag、GeoAsciiParamsTagなどのタグに値を記録します。それ以外の場合はWKTやPROJ4Stringと呼ばれる文字列などで記録すること多いようです。

　GeoTIFFに記録されている空間参照系情報は**リスト5-12**のようになっています。文字列で記録する場合は**リスト5-12**の情報が1つの文字列として記録されます。**リスト5-13**は平面直角座標9系の画像データをENVI Raster形式で保存したときにヘッダファイルに記録されているWKT文字列の例です。

5.8 標高値データもしくはグリッドデータ

　地形を扱う場合、等間隔のグリッドを切り、各グリッドの標高値を格納したデータにして扱います。簡単な例として**リスト5-14**を見てください。

　値が小さいところを黒く、値が大きいところを白く、段階表示するように描画設定した例が**図5-2**です（xllcorner/yllcorner、cellsizeがどこに対応するかも書き込んでいます）。

　Ascii Gridは説明に適したフォーマットですが、原点の座標と各グリッドのサイズがわか

●リスト5-12　空間参照系情報（平面直角座標9系）の例

```
Keyed_Information:
    GTModelTypeGeoKey (Short,1): ModelTypeProjected
    GTRasterTypeGeoKey (Short,1): RasterPixelIsArea
    GTCitationGeoKey (Ascii,40): "JGD2000 / Japan Plane Rectangular CS IX"
    GeogCitationGeoKey (Ascii,8): "JGD2000"
    GeogAngularUnitsGeoKey (Short,1): Angular_Degree
    ProjectedCSTypeGeoKey (Short,1): Unknown-2451
    ProjLinearUnitsGeoKey (Short,1): Linear_Meter
    End_Of_Keys.
End_Of_Geotiff.

PCS = 2451 (JGD2000 / Japan Plane Rectangular CS IX)
Projection = 17809 (Japan Plane Rectangular CS zone IX)
Projection Method: CT_TransverseMercator
    ProjNatOriginLatGeoKey: 36.000000 ( 36d 0' 0.00"N)
    ProjNatOriginLongGeoKey: 139.833333 (139d50' 0.00"E)
    ProjScaleAtNatOriginGeoKey: 0.999900
    ProjFalseEastingGeoKey: 0.000000 m
    ProjFalseNorthingGeoKey: 0.000000 m
GCS: 4612/JGD2000
Datum: 6612/Japanese Geodetic Datum 2000
Ellipsoid: 7019/GRS 1980 (6378137.00,6356752.31)
Prime Meridian: 8901/Greenwich (0.000000/ 0d 0' 0.00"E)
Projection Linear Units: 9001/metre (1.000000m)
```

●リスト5-13　wktでの平面直角座標9系定義例

```
coordinate system string = {PROJCS["JGD2000_Japan_Plane_Rectangular_CS_IX",GEOGCS["GCS_
JGD_2000",DATUM["D_JGD_2000",SPHEROID["GRS_1980",6378137,298.257222101]],PRIMEM["Greenwich",0],UN
IT["Degree",0.017453292519943295]],PROJECTION["Transverse_Mercator"],PARAMETER["latitude_of_
origin",36],PARAMETER["central_meridian",139.83333333333],PARAMETER["scale_factor",0.9999],PARA
METER["false_easting",0],PARAMETER["false_northing",0],UNIT["Meter",1]]}
```

●リスト5-14　Ascii Gridの例

```
ncols         5          ←x方向のグリッド数
nrows         5          ←y方向のグリッド数
xllcorner 141.2991       ←左隅の座標
yllcorner  43.0397       ←下隅の座標
cellsize   0.0001        ←各グリッドのサイズ
NODATA_value -9999       ←値がないグリッドに入れておく数字
210 215 221 227 232  ⎤
218 222 226 233 240  ⎥
224 227 233 240 245  ⎬ ←各グリッドの標高値（タグで始まらない行は左上のグリッドから順に値を並べる）
233 236 241 246 250  ⎥
242 243 247 250 251  ⎦
```

り、（NODATAの値を定義して）各グリッドに実データを入れられるフォーマットであれば、同じように標高値データを格納できます。各グリッドに値を入れるフォーマットは、画像フォーマットそのものです。画像での各ピクセル値に、RGB値やインデックスカラーの番号など色に関する情報を入れるのではなく、標高値をそのまま入れればよいことになります。あとは位置に関する情報を画像内部のヘッダ部分もしくは外部のファイルに持たせています。

○図5-2　標高データの例

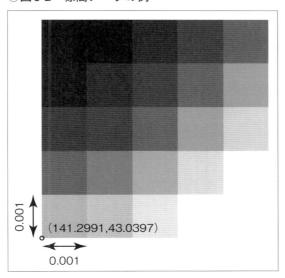

ただし、画像フォーマットによっては、入れられる値がインデックスカラーの番号（0～254）のように制約があります。地理空間情報で広く使われているのは、タグに位置に関する情報を入れられ、入れられる値についても自由度の高い「GeoTIFF」になります。

また、このデータの持ち方は標高値データだけではなく、等間隔に切ったグリッドに値を持たせる場合に広く使用されています。各グリッドの持つ属性が1つの場合、ポリゴンを作成して属性を持たせたベクトルデータを作るよりも、データの容量を抑えることができて扱いやすいからです。

5.9 タイル地図

オープンストリートマップや地理院地図は、「タイル地図」と呼ばれる形式で配信されています。タイル地図とは、Webブラウザで快適に地図を閲覧するために開発されたフォーマットで、地図画像をズームレベル毎にタイル状に分割したファイルの集まりです。

標準的なタイル地図では、「ズームレベル0」を地球の緯度85.05度以内の範囲をメルカトル投影し、256×256ピクセルの画像1枚にしたものと定義します。「ズームレベル1」は「ズームレベル0」の辺の長さを2倍にし、それを縦横それぞれ2分割した4枚のタイル画像になります。ズームレベルが1つ上がるたびに、同様の作業を繰り返すことになります（**図5-3**）。

タイル地図の各画像ファイルには、タイルのズームレベル（z）、X値（x）、Y値（y）に対応したURLにアクセスして画像を取得します。

http://hogehoge/{z}/{x}/{y}.{拡張子}

最近では地形図や衛星写真のような一般図だけでなく、植生図や地質図のような主題図もタイル地図で配信されるようになってきています。

○図5-3　タイル地図とズームレベルの関係

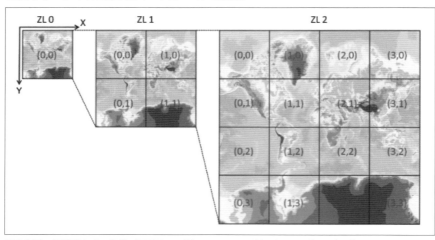

※出典元：地理院タイル仕様　(URL) https://maps.gsi.go.jp/development/siyou.html）

コラム オープンストリートマップ

オープンストリートマップ（OpenStreetMap；OSM (URL) https://www.openstreetmap.org/）は、自由に使用できる地理情報データを作成することを目的としたプロジェクトです。

○図5-A　OpenStreetMap－著作権とライセンス
　　　　　((URL) https://www.openstreetmap.org/copyright/)

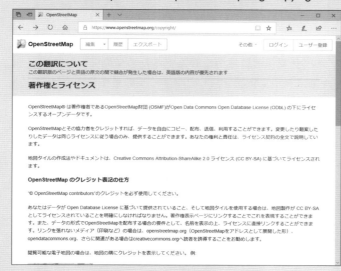

誰でも自由に参加して編集でき、さらに自由に利用できます（**図5-A**）。しばしば地図版のWikipediaと言われています。

　英国で始まった活動ですが、非営利の英国オープンストリートマップ財団（OSMF。**図5-B**）によって支えられ、今では世界中に広がっています。日本では、オープンストリートマップ・ジャパン（OSMFJ。**図5-C**）が立ち上がっています。英国のOSMFと連携し、日本国内の窓口として、コミュニティの発展と自由な地図情報の推進のために活動しています。

○図5-B　OSMF　（URL https://wiki.osmfoundation.org/wiki/Main_Page）

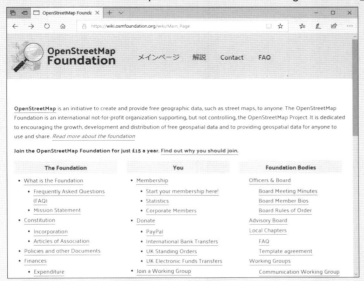

○図5-C　OSMFJ　（URL https://www.osmf.jp）

Part II：データを準備する

コラム ベクタデータとラスタデータ

　位置情報のフォーマットはさまざまありますが、GISで取り扱う際には「ベクタデータ」と「ラスタデータ」の2種類に大別されます。

　ベクタデータとは、地物を点（ポイント）、線（ライン）、面（ポリゴン）で表現する方法で、絵に例えるなら"鉛筆書き"です。一方、ラスタデータとは、地物をグリッド状のセルの値で表現する方法で、例えるなら"マス目の塗り絵"です。

　これらのデータ形式にはそれぞれ特徴があります。ベクタデータは、建物や道路などを点や線で記録する際に、その名前や説明書きを「属性表」として一緒に保存しておくことができます。また、ラスタデータは、衛星画像や標高データのように連続的な値を表現することができます。GIS上でのフォーマットとして、ベクタデータは「ESRI Shapefile」、ラスタデータは「GeoTIFF」がよく利用されています。

○図5-D　ベクタデータとラスタデータ

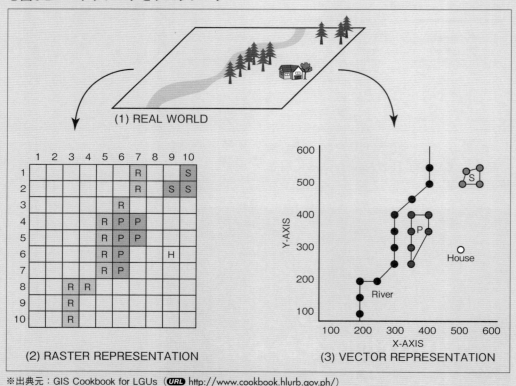

※出典元：GIS Cookbook for LGUs (URL) http://www.cookbook.hlurb.gov.ph/)

第6章
ライセンス

　オープンデータは著作物であり、利用時には著作権者の使用許諾、すなわちライセンスを遵守することが求められます。そこで、本章では公開されているデータのライセンスの概要を説明します。

6.1 利用にあたって確認すべきこと

　著作物は「利用」と「使用」が明確に分けられています。データを閲覧することは「使用」にあたり、著作権者の許可は必要ありません。一方、データの複製や加工を行うことは「利用」に該当し、ライセンスの遵守義務が生じます。
　ここでは、データの利用における注意点を列挙します。

6.1.1 そもそもデータの利用が許可されているか

　これは、閲覧のみが許可されていて複製などの利用はいっさい許可されていない場合です。ただし、著作物の引用であれば、引用であることがわかるように表示すれば、著作者に著作物の利用承諾を求めなくても利用できることが著作権法で定められています。

6.1.2 著作権者

　利用許諾は著作権者に対して申請することになるため、利用申請が必要な場合に誰に許可を得ればよいかを確認する必要があります。

6.1.3 利用条件

　利用に際して課される条件のことで、最も注意すべきところです。
　利用条件の例として、著作権者の明記やオリジナルデータの添付義務、商用利用の禁止などが挙げられます。また、複製が許可されていても、データを改変してはいけないなどの制約がある場合もあります。利用条件はデータによってさまざまで、例えばGoogle Mapsでは特定の人しか閲覧できない状態を禁止しています。

6.1.4 どの国の著作権法が適用されるか

著作権法は国によって異なります。利用するデータがどの国の著作権法に保護されているものなのかも確認しましょう。例えば、著作権の保護期間は日本では著作者の死後50年ですが、海外では70年の場合が多くあります。なお、法人著作など団体名義の著作物の場合、日本における保護期間は公表後50年と定められています。

6.2 クリエイティブ・コモンズ・ライセンス

クリエイティブ・コモンズ・ライセンスは、著作権をすべて留保する場合とパブリックドメイン（後述）の中間にあたるライセンス形態です。例えばあなたが何か作品を作った場合、自動的に著作権が発生し作品が保護されます。他の人がその作品を利用して二次創作したいと思ったとしても、勝手に利用できません。あなたがその作品を広く利用してもらいたいと思った場合は、意思表示をしなくてはいけません。

「クリエイティブ・コモンズ・ライセンス」は、このような意思表示を簡単にできるライセンスです。作品の流通を促進するための活動または組織であるクリエイティブ・コモンズによって提供されています。

著作権者がクリエイティブ・コモンズ・ライセンスを設定する場合、**表6-1**の4つの条件を組み合わせて意思表示します。表6-1の「表示」は必ず入れることになっているため、**表6-2**のように6種類のライセンスを作成できます。ライセンスの作成は、**図6-1**にアクセスして質問に答えるだけです。質問に答えると対応したライセンスが表示され、Webページに組み込むためのHTMLファイルも作成されます。Webページ以外にライセンスを表記したい場合は、ライセンスを表す画像やライセンス条件が記載されているWebページのURLを記載します。

○表6-1　クリエイティブ・コモンズ・ライセンスの4つの条件

アイコン	条件	説明
👤	表示	作品のクレジットを表示すること
🚫$	非営利	商用目的で利用しないこと
⊜	改変禁止	元の作品を改変しないこと
↻	継承	同じクリエイティブ・コモンズ・ライセンスを継承すること

○表6-2 クリエイティブ・コモンズ・ライセンスであらわせる6ライセンス

アイコン	ライセンス	アイコン	ライセンス
CC BY	表示	CC BY NC	表示-非営利
CC BY SA	表示-継承	CC BY NC SA	表示-非営利-継承
CC BY ND	表示-改変禁止	CC BY NC ND	表示-非営利-改変禁止

○図6-1 クリエイティブ・コモンズ・ライセンスの作成サイト
(URL) https://creativecommons.org/choose/

6.3 パブリックドメイン

　パブリックドメインをライセンスと呼ぶと語弊があるかもしれません。パブリックドメインは、著作物や発明などの知的創作物について、著作権やライセンスでの制限が付いていない状態を言います。パブリックドメインである場合、誰でも自由に利用でき、2次創作を行うことができます。

　パブリックドメインになるには主に3つの場合があります。

- そもそも権利が発生しないような、創作性を欠くもの
- 法律による保護期間が切れたもの
- 著作者によってパブリックドメインとされたもの

○図6-2　パブリックドメイン

　注意することは、法律の適用される地域によって著作権の保護期間が違うことや、そもそも著作権や著作者人格権が放棄できない場合もあることです。単純に判断せず、パブリックドメインとの明記がされているか、されていない場合はどの法域での権利が消滅しているかを確認する必要があります。

　パブリックドメインであることを示すために、図6-2のアイコンが使用されています。

> **コラム　国土地理院で公開している測量成果の複製／使用**
>
> 　国土地理院で公開しているデータの多く（紙地図、数値地図、空中写真、電子地形図、基盤地図情報など）は「基本測量成果」と呼ばれるもので、複製／使用する際は、測量法の定めにより申請や承認が必要となる場合があります。
>
> 　基本測量成果をコピーやスキャンすることは「測量成果の複製」（測量法第29条）にあたり、また、基本測量成果を使用して新たな地図などを作成する測量行為は「測量成果の使用」（測量法第30条）にあたります。ただし、「私的な利用」や「一時的な資料として利用する」際などでは、複製や使用に該当しても申請は不要です。
>
> 　測量成果を利用する際には、国土地理院のホームページを見て、申請が必要かどうかをよく確認しておきましょう。

Part III
基本となる地図を準備する

　本Partでは、身近な範囲の地図から世界地図まで、データを載せるための地図を作っていきましょう。
　一口に地図と言っても、住んでいる町内の地図から世界地図までさまざまなスケールのものが含まれてきます。まず必要なこととして、それぞれのスケールに応じたデータを選択してくることが挙げられます。いくつかのスケールを例にして、データの準備と表現付けを行ってみましょう。
　なお、本Partではオープンソースソフトウェアの GIS ツールである「QGIS」を使います。Appendix A「QGIS操作ガイド」（194ページ）を参考にインストールしてください。本書では QGIS 3.2 で説明していますが、以降のバージョンでもほぼ同じ操作となります。

第7章：身近な地域の地図を作成する
第8章：世界地図を作成する
第9章：公開されている地図を使用する

第7章 身近な地域の地図を作成する

　町内会や子供の学校の校区といった生活圏内の地図は、とても身近なところで使われています。登下校時の危険箇所を書き込んで「防犯マップ」を作成している学校もあるでしょう。商店であれば、配達圏内の地図を大きく印刷して壁に貼っていたりします。そこで本章では、身近な地域の基盤地図情報のデータをもとに、白黒の線要素のみの地図を作成していきます。

7.1 本章で作成できる地図

　国土地理院が中心となって整備している「基盤地図情報」（URL http://www.gsi.go.jp/kiban/）から基本項目のデータをダウンロードすると、市区町村の一部を表示するような場合にちょうどよいスケールの地図を作成できます。

　基盤地図情報は従来、縮尺レベル2,500、縮尺レベル25,000、測量の基準点、街区の境界線と代表点と別々にデータが提供されていましたが、2014年7月から精度の高いものを抽出して1つのファイルにまとめて提供されています。ここで使用する大縮尺（狭い範囲）の地

○図7-1　基盤地図情報の基本項目のデータ（基盤地図情報ビューアで表示）

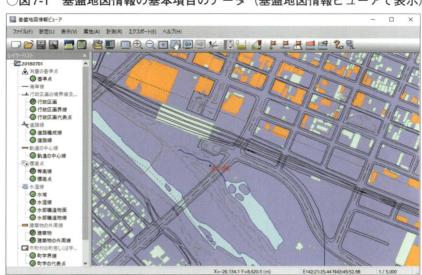

※「基盤地図情報」の「旭川市」を使用したもの

図を作成する場合は、位置精度の高いデータを使用する必要があります。

本章では、オープンソースソフトウェアのGISツールである「QGIS」を使用して、基盤地図情報基本項目のデータ（**図7-1**）をもとに、**図7-2**のような白黒の線要素のみの地図を作成します。

7.2 使用時に確認する項目

まず、地図データをダウンロードして使用する際に、確認しておくべき項目を整理しておきます。

7.2.1 満たすべき基準と位置精度

地図データを使用する際は、そのデータが何をもとに作成されたのか、どの程度の位置精度を持っているのかが重要になります。間違った選択をすると、縮尺に対して低い位置精度しか持っていないために意図した位置に表示されないことや、逆にオーバースペックになりデータ量が多すぎるといったことが起きてしまいます。

基盤地図情報は、国土地理院のWebサイト（URL http://www.gsi.go.jp/kiban/towa.html）に満たすべき基準と位置精度が公開されているのであらかじめ確認しておきましょう。

7.2.2 地図データの複製／使用

想定する場面で地図データの使用が許可されているか確認しましょう。

○図7-2　身近な地域の地図（変換したもの）

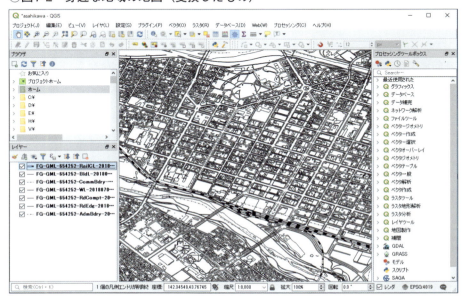

※「基盤地図情報」の「旭川市」を使用したもの

Part III：基本となる地図を準備する

　基盤地図情報は国土地理院が実施した測量成果なので、複製／使用にあたっては承認が必要になる場合があります。詳しくは［国土地理院の地図の利用手続］⇒［測量成果の複製・使用］（URL http://www.gsi.go.jp/LAW/2930-index.html）を参照してください。
　本書では、補助的に基盤地図情報の画像を挿入していますが、次の項目が該当するとして確認しました。

- 「測量成果の複製の承認」……刊行する場合
- 承認を得ず出所の明示により利用できる範囲……刊行物などに少量の地図を挿入する場合

　使用することは問題にはなりませんが、承認を得る必要があるか、承認を得ずに出所の明示のみで利用できるかは確認が必要となります。本書では、補助的に挿入する場合であるとして、出所の明記にとどめています。判断に迷った場合は、国土地理院に問い合わせをしてください。

7.3 地図データをダウンロードする

　前置きが長くなりましたが、早速地図データ（基盤地図情報）をダウンロードしましょう。国土地理院のWebサイト（URL http://www.gsi.go.jp）から［地図・空中写真・地理調査］⇒［基盤地図情報］に進みます（図7-3）。
　図7-3の［基盤地図情報のダウンロード］をクリックして進んだページ中段の［ダウンロード］まで画面をスクロールすると、基盤地図情報として提供されている［基本項目］［数値標高モデル］［ジオイド・モデル］の選択が表示されます（図7-4）。［基本項目］の［ファイル選択へ］をクリックするとファイルを選択する画面に進みます。

○図7-3　基盤地図情報サイト

基盤地図情報項目の選択とダウンロードするファイルを選択します。［基本項目］の［検索条件指定］は作成したい地図に合わせて選択しますが、まずは［全項目］のままにしておきます。基盤地図情報の［基本項目］は、2次メッシュ（1面は約10km四方）の単位で提供されています。地図上に表示されている枠をクリックすることで選択する、県・市区町村を指定して選択する、もしくは直接2次メッシュ番号を入力して選択することもできます。

　図7-5は［選択方法指定］の［市区町村で選択］から［北海道］⇒［旭川市］を選択して［選択リストに追加］ボタンをクリックした例です。旭川市が含まれる2次メッシュ枠が、地図上でも選択されます。必要な2次メッシュを選択したうえで左メニューの最下部にある［ダウンロードファイル確認へ］をクリックして進みます（図7-6）。

　ファイルのダウンロードは［まとめてダウンロード］も選択できます。必ずデータ容量を確認したうえで、大きすぎる場合は再度前の画面に戻って項目を調整してください。特に都市部では、建物の外周線を入れた場合にデータ容量が大きくなります。データ容量が大きい場合は、範囲を確認する意味でもデータ項目を絞ってダウンロードしてみるのがよいでしょう。

　ダウンロードが正常に完了すると、ファイル名は、まとめてダウンロードした場合は「PackDLMap.zip」、個別の場合はダウンロードファイルリスト名になるので確認してください。なお、本章では、2次メッシュコード：654252（FG-GML-654252-ALL-20180701.zip）を使っています。

　基盤地図情報からデータをダウンロードする場合は、ユーザ登録が必要になります。初めて使用する場合は、新規登録してください。作成したログインIDと登録したメールアドレスに送られるパスワードを使ってログインすると、ファイルをダウンロードできるようになります（図7-7）。

○図7-4　基盤地図情報 ダウンロードサービス

◯図7-5　基盤地図情報 ダウンロードサービス（選択画面）

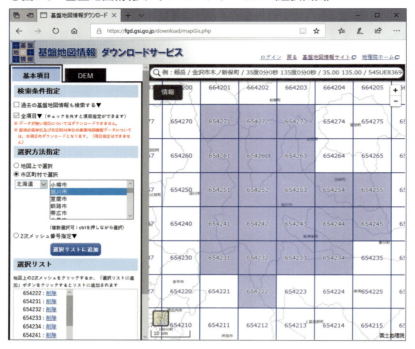

◯図7-6　基盤地図情報 ダウンロードサービス（ダウンロードファイルリスト）

第 7 章：身近な地域の地図を作成する

◯図7-7　ログイン画面

◯図7-8　解凍後ファイル

```
FG-GML-654252-AdmArea-20180701-0001.xml
FG-GML-654252-AdmBdry-20180701-0001.xml
FG-GML-654252-AdmPt-20180701-0001.xml
FG-GML-654252-BldA-20180701-0001.xml
FG-GML-654252-BldL-20180701-0001.xml
FG-GML-654252-Cntr-20180701-0001.xml
FG-GML-654252-CommBdry-20180701-0001.xml
FG-GML-654252-CommPt-20180701-0001.xml
FG-GML-654252-ElevPt-20180701-0001.xml
FG-GML-654252-GCP-20180701-0001.xml
FG-GML-654252-RailCL-20180701-0001.xml
FG-GML-654252-RdCompt-20180701-0001.xml
FG-GML-654252-RdEdg-20180701-0001.xml
FG-GML-654252-WA-20180701-0001.xml
FG-GML-654252-WL-20180701-0001.xml
FG-GML-654252-WStrA-20180701-0001.xml
FG-GML-654252-WStrL-20180701-0001.xml
fmdid18-0701.xml
```

7.4 ファイルを開く

　ダウンロードしたZIPファイルを解凍して中身を確認してみましょう。基盤地図情報 基本項目のデータはJPGIS（GML）形式で、拡張子は「.xml」です。「軌道の中心線」「建築物の外周線」といった種別毎のファイルになっています。QGISの古いバージョンでは、このままの形式では開くことができず、Shapefileへの変換が必要でした。QGIS 3.2では変換の必要はなく、このまま開くことができます。

○表7-1　QGISにドラッグ＆ドロップするファイル

No.	分類	ファイル名
①	町字界線	FG-GML-654252-CommBdry-20180701-0001.xml
②	水涯線	FG-GML-654252-WL-20180701-0001.xml
③	行政区画界線	FG-GML-654252-AdmBdry-20180701-0001.xml
④	建築物の外周線	FG-GML-654252-BldL-20180701-0001.xml
⑤	軌道の中心線	FG-GML-654252-RailCL-20180701-0001.xml
⑥	道路構成線	FG-GML-654252-RdCompt-20180701-0001.xml
⑦	道路縁	FG-GML-654252-RdEdg-20180701-0001.xml

○図7-9　QGISでの表示

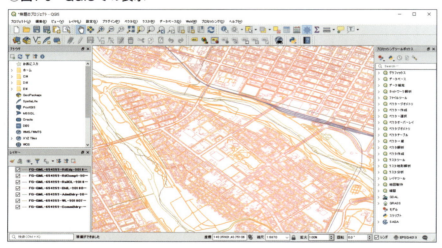

　QGIS[注1]を起動しておき、**表7-1**の各ファイルをQGISにドラッグ＆ドロップすると**図7-9**のように表示します。なお、**図7-9**は各レイヤに割り振った表現が付けられています。ランダムに割り振られたシンプルな表現なので、開くたびに別の表現になります。

7.5　レイヤ毎にスタイルを設定する

　まず、各線要素の色を黒（RGB：0, 0, 0）に変更してみましょう。色を変更するには、対象の各レイヤのプロパティで修正します。「FG-GML-654252-RdEdg-20180701-0001 RdEdg」など各レイヤを選択して右クリック ⇒［スタイル］⇒［Edit Symbol］をクリックして**図7-10**を表示します。すべてのレイヤに対して［色］⇒［色の選択］ダイアログ（**図7-11**）で「黒」に設定していきます。後で違うデータを重ねる際に、ベースとなる地図の色が黒では濃すぎる場合は、もう少し薄く（RGB：180, 180, 180程度に）しておいてもよいでしょう。

注1　QGISのインストールと使い方は、Appendix A「QGIS操作ガイド」（194ページ）を参照してください。

第 7 章：身近な地域の地図を作成する

○図7-10　レイヤプロパティー
　　　　　　シンボルセレクタ

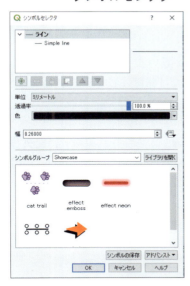

○図7-11　色の選択ダイアログ

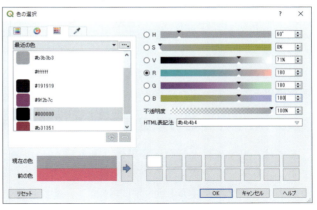

○図7-12　スタイルのコピー＆貼り付け

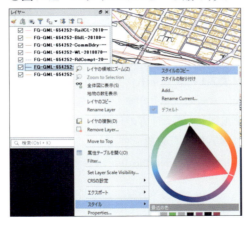

○図7-13　各レイヤの色を黒にした状態

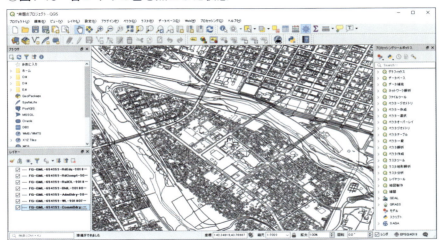

複数のレイヤで共通のスタイルを設定する際は、1つのレイヤに設定されたスタイルを、［スタイルのコピー］⇒［スタイルの貼り付け］で他のレイヤに貼り付けていくのが便利です。設定が終わったレイヤを選択して、右クリックしてメニューを確認してみてください（図7-12）。

図7-13のように、ここまででも立派に地図らしく見えると思いますが、すべての線が一様な表現となっているため少々わかりづらいです。もう少しだけ味付けしてみましょう。

7.5.1 町字界線と行政区画界線を「一点鎖線」にする

まずは、町字界線と行政区画界線（表7-1の①③）を「実線」から「一点鎖線」に変更します。各レイヤを選択して右クリック ⇒［スタイル］⇒［Edit Symbol］⇒［Simple line］⇒［ストロークスタイル］で「一点鎖線」を選択します（図7-14）。ここでも、複数レイヤに対して同じスタイルを設定するので、1つのレイヤで設定したスタイルを［スタイルのコピー］⇒［スタイルの貼り付け］で他のレイヤに貼り付けていきましょう。

7.5.2 軌道の中心線を「旗竿」にする

次に、軌道の中心線に黒と白の交互の斑になっている「旗竿（はたざお）」と呼ばれる表現を付けます。軌道の中心線（表7-1の⑤）を右クリック ⇒［スタイル］⇒［Edit Symbol］⇒［ライン］を選択しておき、下側の［＋］ボタンで「Simple line」をもう1つ追加します（図7-15）。

Simple lineを追加したら、片方のSimple lineの色を「白」にして［破線を利用］にチェックを入れます（図7-16）。［破線を使用］の下の［変更］をクリックすると、破線の間隔も調整できます。もう一方のSimple lineは色を黒にしておきます（図7-17）。ここでのポイン

○図7-14　ストロークスタイル

○図7-15　Simple lineの追加

トは、黒にしたラインのペンの太さを太く（1.0）、白にしたラインのペンの太さを細く（0.6）しておくことです。こうすることで、黒のラインの中に、白の破線が描画されて、旗竿表現が出来上がります。ペンの太さは調整しながら試してみてください。

ここまでで図7-18のようになります。より地図らしくなったでしょうか？

○図7-16　旗竿表現（白）　　○図7-17　旗竿表現（黒）

○図7-18　完成図

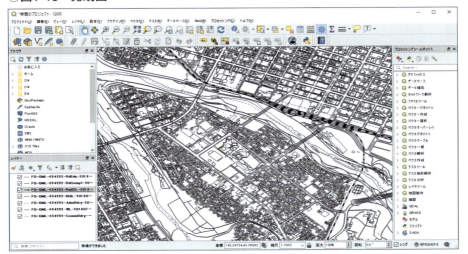

※「基盤地図情報」の「旭川市」を使用したもの

7.6 保存する

QGISではプロジェクトに使用したデータへのパスや設定した表現を含めた現在の状態を保存できます（メニューから［プロジェクト］⇒［保存］もしくは［Save As］を選択します）。

地図データ自体はプロジェクト内に保存されません。実データ（この例では各XMLファイル）へのパスをプロジェクト内に相対パスで保存するか、絶対パスで保存するかを選択できます。QGISメニューの［プロジェクト］⇒［Properties］⇒［一般情報］⇒［一般情設定］⇒［保存パス］で「相対パス」もしくは「絶対パス」を選択できます（**図7-19**）。いずれにしても、実データを違うフォルダに動かしてしまうとプロジェクトを開いてもデータが表示されなくなるので注意してください。

◯図7-19　［プロジェクトのプロパティ］⇒［一般情報］⇒［一般設定］

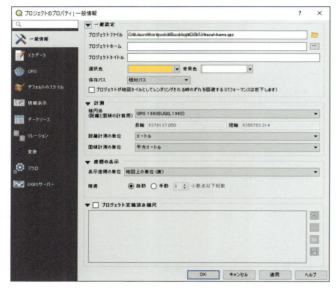

第8章 世界地図を作成する

ここまでは比較的大縮尺の地図データを取り扱う例について説明してきました。本章ではより小縮尺地図の例として世界地図の取り扱いについて説明します。

8.1 データをダウンロードする

全世界を網羅するオープンデータはいくつかありますが、本章ではNatural Earth（図8-1）を用います。そのほかに公開されているデータについては、Appendix B「データカタログ」（223ページ）を参照してください。

まず、Natural Earthで公開されているデータの種類を見てみましょう。［Features］タブ

○図8-1　Natural EarthのWebサイト（URL https://www.naturalearthdata.com/）

○図8-2　Natural EarthのFeatureページ（URL https://www.naturalearthdata.com/features/）

をクリックするとデータについての説明があります（図8-2）。

概要はおおよそ次のとおりです。

- ベクタデータのフォーマットはESRI Shapefile、ラスタデータのフォーマットはGeo TIFF ＋ TFW
- 座標系はすべてWGS84地理座標系
- ライセンスはパブリックドメイン
- 縮尺は、大縮尺（1：1,000万）、中縮尺（1：5,000万）、小縮尺（1：1億1,000万）がある
- データの内容別に、道路、都市、国境などを収録したCultural Data、地形、水涯線、島嶼などを収録したPhysical Data、およびラスタデータが用意されている（ただしラスタデータは大縮尺と中縮尺のみ）

その他、個別のデータについていくつか種類が分かれている場合があります。例えば、Admin 0データでは国の分け方についていくつかのデータが用意されています。

データのダウンロードページ（図8-3）へは［Downloads］タブをクリックします。ダウンロードページには縮尺別、カテゴリ別にデータへのリンクがあり、それぞれのリンクをクリックすると個別のデータのダウンロードページが表示されます。図8-4はAdmin 0データのページです。各データ欄にダウンロードリンクとデータの説明へのリンクがあるので、よ

○図8-3　Natural EarthのDownloadsページ
　　　　（URL　https://www.naturalearthdata.com/downloads/）

○図8-4　Downloads － 1:10m Cultural Vectors

く読んでおきましょう。

　Natural Earthで提供されているデータは多岐にわたります。これらをすべて読み込んで表示させると煩雑な地図になってしまうので、目的によって表示させるデータを絞り込んだほうが見やすい地図ができるでしょう。

本章ではラスタデータの「Natural Earth I with Shaded Relief and Water[注1]」を背景図とし、Cultural Vectorデータの「Admin 0 - Details[注2]」「Populated Places[注3]」「Roads[注4]」「UrbanAreas[注5]」、さらにPhysical Vectorデータの「Rivers + lake centerlines[注6]」「Physical Labels[注7]」を使用して地図帳風に表示してみます。

8.2 ファイルを開く

ダウンロードされるファイルはラスタデータ、ベクタデータともにZIP圧縮形式です。QGIS[注8]で読み込む際には事前に展開しておく必要があります。

8.3 レイヤ毎にスタイルを設定する

まず、表示の優先順位を決定します。すなわち、優先順位が低いレイヤが優先順位を高く設定したレイヤの表示を邪魔しないようにする必要があります。ここではなるべく自然地物を優先するものとします。レイヤ順は最前面から次のとおりとしました。

❶ Physical Labels
❷ Rivers + lake centerlines
❸ Roads
❹ Urban Areas
❺ Admin 0 - Details
❻ Natural Earth I with Shaded Relief and Water

続いて個別のレイヤスタイルを説明します。背景のラスタレイヤについては特に設定しません。

注1　ダウンロードページ [Large scale data, 1:10m] の [Raster] ⇒ [Natural Earth I] ⇒ [Natural Earth I with Shaded Relief and Water] の [Download large size]（約308.55MB）

注2　ダウンロードページ [Large scale data, 1:10m] の [Cultural] ⇒ [Admin 0 - Details] の [Download sovereignty]（約4.65MB）

注3　ダウンロードページ [Large scale data, 1:10m] の [Cultural] ⇒ [Populated Places] の [Download populated places]（約2.68MB）

注4　ダウンロードページ[Large scale data, 1:10m]の[Cultural]⇒[Roads]の[Download roads]（約8.65MB）

注5　ダウンロードページ [Large scale data, 1:10m] の [Cultural] ⇒ [Urban Areas] の [Download urban areas]（約12.49MB）

注6　ダウンロードページ[Large scale data, 1:10m]の[Physical]⇒[Rivers + lake centerlines]の[Download rivers and lake centerlines]（約1.73MB）

注7　ダウンロードページ [Large scale data, 1:10m] の [Physical] ⇒ [Physical Labels] の [Download label areas]（約1.65MB）

注8　QGISのインストールと使い方は、Appendix A「QGIS操作ガイド」（194ページ）を参照してください。

8.3.1 ❺ Admin 0 - Details

「Admin 0 - Details」はポリゴンなので、まず［塗りつぶしスタイル］を「ブラシなし」にして枠線のみの表示にします。枠線は黒のソリッドラインでやや太めの「0.26mm」とします（図8-5）。さらに国名ラベルを表示します。ラベルフォントはやや大きめの「12pt」としています（図8-6）。また、背景のラスタレイヤに紛れて見えにくくなるのを防止するためにバッファを発生させます。バッファはフォントサイズに合わせて幅を設定するとより見やすくなります。ここでは「0.5mm」としています。設定すると図8-7のようになります。

○図8-5 　Admin 0 - Detailsのシンボロジー

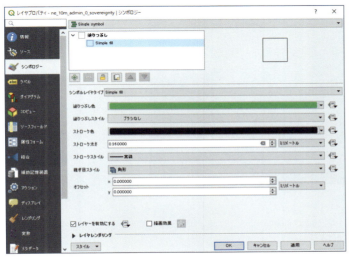

○図8-6 　Admin 0 - Detailsのラベル

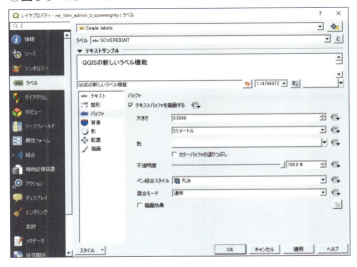

Part III：基本となる地図を準備する

○図8-7　Admin 0 - Detailsの設定結果

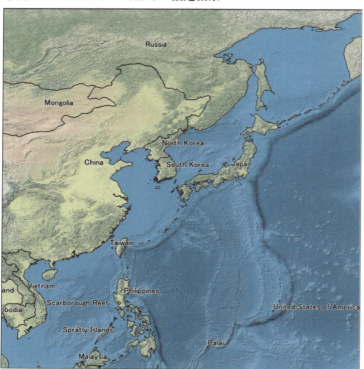

○図8-8　Urban Areasのシンボロジー

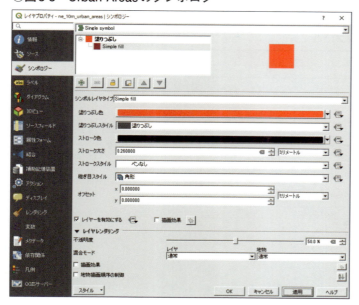

○図8-9　Urban Areasの設定結果

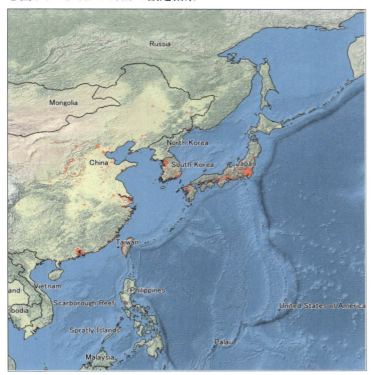

8.3.2　❹ Urban Areas

「Urban Areas」は都市域のポリゴンです。このレイヤをオーバーレイして都市域をハイライトしてみます。枠線をなし、色を赤の塗りつぶしに設定し、透過率を50％として背景ラスタを完全に塗りつぶさないようにします（図8-8、図8-9）。

8.3.3　❸ Roads

「Roads」は主要道路のラインデータです。要素の数が多いので、このまま使用すると煩雑になってしまいます。ここではtype属性が「Major Highway」の要素のみを表示するように設定します。図8-10と図8-11のようにスタイル設定で［Rule-based］を選択し、ルールに「"type" = 'Major Highway'」と入力します。フィールド名はダブルクォーテーション、属性値はシングルクォーテーションで囲むところに注意してください。これらの値はフィールドカリキュレータ（［ε］のボタン）で入力することもできます。

スタイルは0.3mmの黄色の線の上に0.2mmの赤い線を重ねた複線としています。ラベルにバッファを発生させるのと同様に単色の線よりも細くて目立ちやすい効果があります（図8-12）。

Part III：基本となる地図を準備する

○図8-10　Roadsのシンボロジー

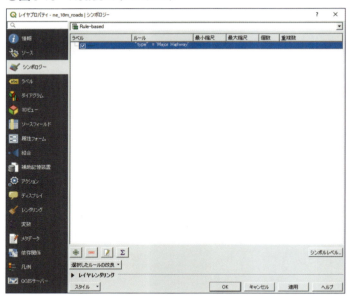

○図8-11　Roadsのルール編集

○図8-12　Roadsの設定結果

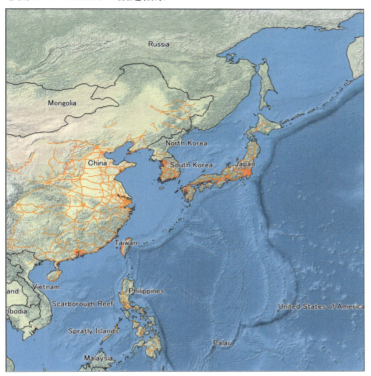

8.3.4 ❷ Rivers + lake centerlines

　「Rivers + lake centerlines」は河川と湖沼中心線のラインデータです。レイヤのスタイルは青色のソリッドラインとしています。また、河川名称のラベルを表示します。ラベルのフォントは小さめの「6pt」で「Times New Roman イタリック体」を使用します。本章では自然地物をイタリック体とするように決めて、人口地物と区別するようにしてみました。また、国名ラベルと同様に0.3mmの白色バッファを発生させています。

　河川のような曲線データではラベルは要素に沿って表示すると効果的です。このように配置するには、ラベルの配置で［曲がる］を選択し、［曲線も時間の最大角度］を内側、外側ともに「30°」に設定しました。最大角度は大きくすると要素に沿いやすくなりますが、その分読みづらくなってしまうので、設定値を試行錯誤しながら最適な角度を設定する必要があるでしょう（図8-13、図8-14）。

○図8-13　Rivers + lake centerlines のラベル

○図8-14　Rivers + lake centerlines の設定結果

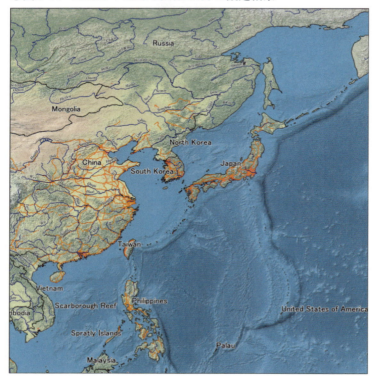

8.3.5 ❶ Physical Labels

「Physical Labels」は島嶼や山脈など自然地形のラベルデータですが、ラベルに対応する地形のポリゴンデータとして配布されています。ポリゴンは表示する必要がないので枠線、塗りつぶしともに「なし」に設定します。ラベルは河川と同様に地形に沿ったものにしたいところですが、レイヤがポリゴンなのでラインに沿った形にすることができません。ここでは「フリー（Slow）」を選択することでポリゴンの形状に合ったラベルの方向に設定できます。

ラベルのフォントはRivers + lake centerlinesと同様に「Times New Roman イタリック体」の「6pt」、ラベルの色は「灰色」とし、ほかのレイヤのラベルと同様にバッファを発生させています（**図8-15**、**図8-16**）。

8.4 投影法を設定する

最後に投影法を設定します。比較的広域を表示するのに向いている「円錐図法」を用いてみましょう。QGISに登録されている円錐図法はいくつかありますが、特定の地域を中心としたい場合にはパラメータを変更する必要があります。ここでは日本を中心とした円錐図法を新しく定義します。

まず、QGISメニューから［設定］⇒［カスタム投影法］で「カスタム座標参照系定義」ダイアログ（**図8-17**）を表示します。

○図8-15　Physical Labelsのラベル

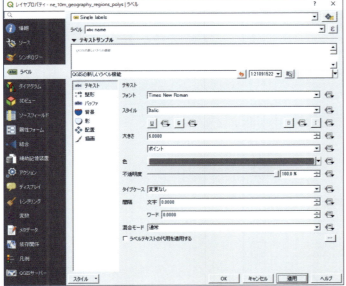

Part Ⅲ：基本となる地図を準備する

○図8-16　Physical Labelsの設定結果

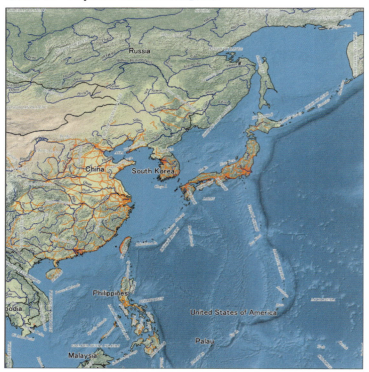

○図8-17　カスタム空間参照システム定義ダイアログ

［既存のCRSからパラメータをコピーする］ボタンを押すと座標参照選択ダイアログ（**図8-18**）が表示されます。［フィルター］欄に「conic」と入力すると候補が表示されます。ここでは「Asia_Lambert_Conformal_Conic」（ランベルト正角円錐図法）を選択します。

選択するとパラメータの欄に選択したCRSのproj4文字列がインポートされます。ここで日本付近を比較的歪みが少なくなるように表示させるために、次のようにパラメータを編集します。

```
+proj=lcc +lat_1=22.4 +lat_2=47.6 +lat_0=35 +lon_0=135 +x_0=0 +y_0=0 +datum=WGS84 +units=m +no_defs
```

ランベルト正角円錐図法では、標準緯線を2つと中央経線を指定します（中央緯線は指定しなくても構いません）。2つの標準緯線上では縮尺係数が「1」となります。上記の例では中央経線を「135°」、標準緯線を「22.4°」、「47.6°」とし、中央緯線を「35°」としています。

パラメータの設定が完了したら、適当な名称を付けて［OK］ボタンを押します。あとはプロジェクトの座標参照系に、先ほど作成した投影法を設定します（**図8-19**）。

複雑なレイヤスタイルを複数組み合わせた状態ではレンダリングに時間がかかり、しばしばレンダリングに失敗してしまうことがあります。このような場合はいくつかレイヤを重ねた途中の段階で地図を画像としてエクスポートするなどの対処が必要です。地図を画像としてエクスポートするには、メニューの［プロジェクト］⇒［インポート/エクスポート］⇒［Export Map to Image］で**図8-20**を開いて保存します。

○図8-18　空間参照システム選択ダイアログ

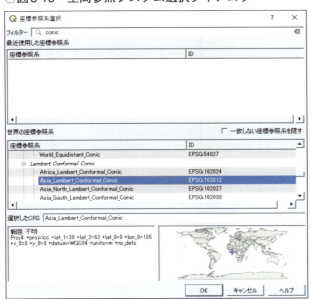

Part Ⅲ：基本となる地図を準備する

　ここに挙げた例はほんの一例です。みなさんの好みや目的に合ったレイヤスタイルや投影法を設定して、最適な地図表現を目指しましょう。

○図8-19　円錐図法設定の実行結果

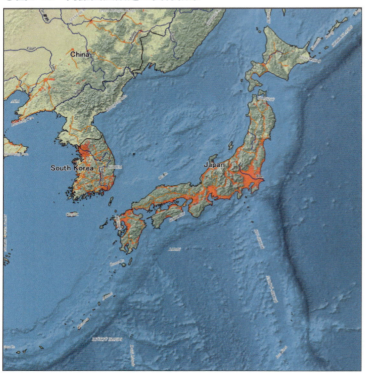

○図8-20　地図を画像として保存

第 9 章
公開されている地図を使用する

オープンデータを利用して、目的に合わせた地図を作成できます。ただし、「どのデータを取得してくるか」「どういったスタイルを設定するか」といった表現作りのコツが必要になってきます。そこで本章では「オープンストリートマップ」「地理院地図」などを例に、すでに表現が付けられ状態で公開されている地図画像データを使用する方法について説明します。

9.1 タイル地図（XYZ Tiles）の使用方法

QGIS 3へのメジャーバージョンアップに伴い、QGIS 2系で好評だったいくつかのプラグインが使用できなくなってしまいました。「OpenLayers Plugin」もその1つです。一方で、QGIS 3からは「XYZ Tiles」が標準的に利用されるようになったので、プラグインよりも標準の機能のタイル地図を利用するほうが一般的でしょう。

それでは、公開されているタイル地図の使用方法をいくつか紹介します。

9.1.1 OpenStreetMapの場合

QGIS 3系では、OpenStreetMapはあらかじめ使用可能になっています。ブラウザパネルの［XYZ Tiles］⇒［OpenStreetMap］をダブルクリックすると表示されます（図9-1）。

9.1.2 地理院地図をレイヤとして追加する方法

国土地理院の使用可能なタイル一覧は、次のサイトで公開されています。

- 地理院タイル一覧
  URL https://maps.gsi.go.jp/development/ichiran.html#std

ここでは標準地図を追加してみます。ブラウザパネルの［XYZ Tiles］を右クリック ⇒［New Connection］で表示される図9-2内の［接続の詳細］－［名前］と［URL］に次のように入力して［OK］ボタンを押すと、［XYZ Tiles］の下に［地理院地図］が追加されます。

- 名前：地理院地図
- URL：https://cyberjapandata.gsi.go.jp/xyz/std/{z}/{x}/{y}.png

Part Ⅲ：基本となる地図を準備する

　ブラウザパネルの［XYZ Tiles］⇒［地理院地図］をダブルクリックすると**図9-3**が表示されます。

○図9-1　XYZ Tiles：OpenStreetMap

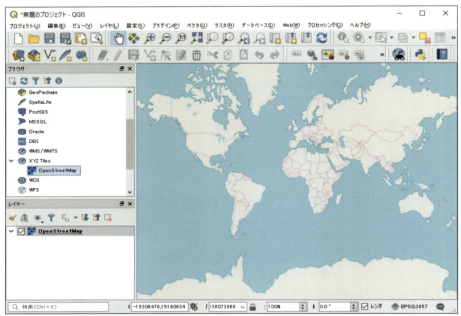

○図9-2　XYZ接続ダイアログ

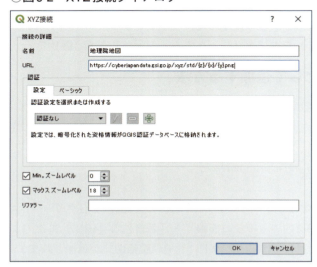

第9章：公開されている地図を使用する

◯図9-3　XYZ Tiles：地理院地図

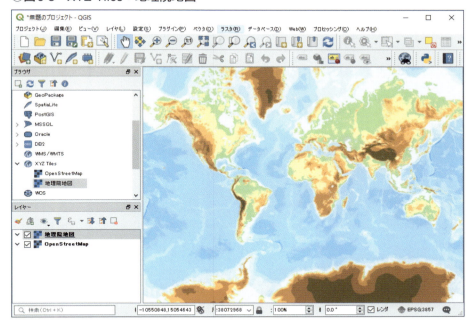

9.2 公開されているタイル地図を使用する

　公開されているタイル地図への接続は、XML形式の設定ファイルを作成する方法と、Pythonでスクリプトを記述する方法などがあります。ここでは前者の方法を紹介します。複数のタイル地図との接続を一度に行えます。

9.2.1 設定ファイルの作成

　記述するXMLの書式は**リスト9-1**、接続先の記載は**リスト9-2**のとおりです。
　以上を踏まえて、サンプルの定義ファイルを作成すると**リスト9-3**のようになります。設定ファイルを作成したら、任意のフォルダにエンコードを「UTF-8」で保存してください。

◯リスト9-1　XYZ Tiles用の書式

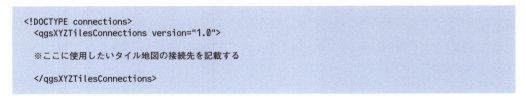

Part III：基本となる地図を準備する

◯リスト9-2　接続先の記載

```xml
<xyztiles username="" name="WikimediaMap" password="" authcfg="" zmin="1" referer=""
          url="https://maps.wikimedia.org/osm-intl/{z}/{x}/{y}.png" zmax="20"/>
```

- name：レイヤを追加する際の名称（9.1.2項の「名前」と同義）
- zmin：ズームレベルの最小サイズ（通常、公開元に指定がある）
- url：追加するタイル地図のURL（9.1.2項の「URL」と同義）
- zmax：ズームレベル最大サイズ（通常、公開元に指定がある）
- username、password、authcfg、referer：有料のタイル地図を使用する際に利用

◯リスト9-3　サンプルの定義ファイル（qgis3_tile_settings.xml）

```xml
<!DOCTYPE connections>
  <qgsXYZTilesConnections version="1.0">
    <xyztiles username="" name="WikimediaMap" password="" authcfg="" zmin="1" referer=""
              url="https://maps.wikimedia.org/osm-intl/{z}/{x}/{y}.png" zmax="20"/>
    <xyztiles username="" name="WikimediaHikeBikeMap" password="" authcfg="" zmin="1" referer=""
              url="http://tiles.wmflabs.org/hikebike/{z}/{x}/{y}.png" zmax="17"/>
    <xyztiles username="" name="OpenStreetMapStandard" password="" authcfg="" zmin="0" referer=""
              url="http://tile.openstreetmap.org/{z}/{x}/{y}.png" zmax="19"/>
    <xyztiles username="" name="OpenStreetMapH.O.T." password="" authcfg="" zmin="0" referer=""
              url="http://tile.openstreetmap.fr/hot/{z}/{x}/{y}.png" zmax="19"/>
    <xyztiles username="" name="OpenStreetMapMonochrome" password="" authcfg="" zmin="0" referer=""
              url="http://tiles.wmflabs.org/bw-mapnik/{z}/{x}/{y}.png" zmax="19"/>
    <xyztiles username="" name="BingVirtualEarth" password="" authcfg="" zmin="1" referer=""
              url="http://ecn.t3.tiles.virtualearth.net/tiles/a{q}.jpeg?g=1" zmax="19"/>
    <xyztiles username="" name="地理院標準地図" password="" authcfg="" zmin="2" referer=""
              url="http://cyberjapandata.gsi.go.jp/xyz/std/{z}/{x}/{y}.png" zmax="18"/>
    <xyztiles username="" name="地理院淡色地図" password="" authcfg="" zmin="2" referer=""
              url="http://cyberjapandata.gsi.go.jp/xyz/pale/{z}/{x}/{y}.png" zmax="18"/>
    <xyztiles username="" name="地理院白地図" password="" authcfg="" zmin="5" referer=""
              url="http://cyberjapandata.gsi.go.jp/xyz/blank/{z}/{x}/{y}.png" zmax="14"/>
    <xyztiles username="" name="地理院English" password="" authcfg="" zmin="5" referer=""
              url="http://cyberjapandata.gsi.go.jp/xyz/english/{z}/{x}/{y}.png" zmax="11"/>
    <xyztiles username="" name="地理院色別標高図" password="" authcfg="" zmin="5" referer=""
              url="http://cyberjapandata.gsi.go.jp/xyz/relief/{z}/{x}/{y}.png" zmax="15"/>
    <xyztiles username="" name="土地利用図" password="" authcfg="" zmin="15" referer=""
              url="http://cyberjapandata.gsi.go.jp/xyz/lum200k/{z}/{x}/{y}.png" zmax="17"/>
  </qgsXYZTilesConnections>
```

9.2.2　設定ファイルの読み込み

　QGISのブラウザパネルの「XYZ Tiles」を右クリック ⇒ ［Load Connections］ ⇒ ［接続情報をロード］ダイアログで、先ほど保存したXMLファイルを読み込むと図9-4が表示されます。

　ここでは［全てを選択］⇒［インポート］ですべてを読み込みます。図9-5のように［XYZ Tiles］に一覧が表示されます。

第9章：公開されている地図を使用する

◯図9-4　接続の管理

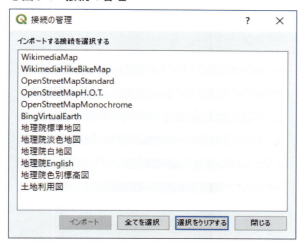

◯図9-5　XYZ Tiles：WikimediaMap

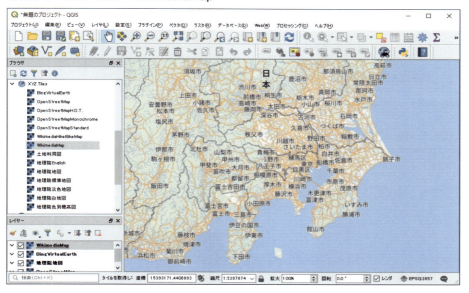

9.2.3　タイル地図の重ね合わせ

　追加可能なタイル地図は地形や地図だけに限定されません。例えば、「2.3：公共のデータだけがオープンデータ？」（34ページ）で紹介した「Project AERIAL」では、独立行政法人 宇宙航空研究開発機構（JAXA）で公開されている人工衛星のデータを加工して、タイル地図として配信しています。Project AERIALが公開する海水温や海上風速などのタイル地図も、本稿執筆時点では無償・無保証で使用可能であり、他のサービスが公開する地図データに重ねて使用できます。

Part III:基本となる地図を準備する

- Project AERIAL[注1]
  (staging) 🔗 https://staging.aerial-proj.org/
  (experimental) 🔗 http://aerial.geojackass.org/

○図9-6　Sea Surface Temp

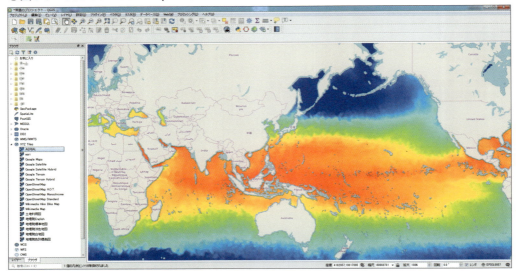

GCOM-W/AMSR2L3データの提供:独立行政法人　宇宙航空研究開発機構（JAXA）

○図9-7　Sea Surface Window

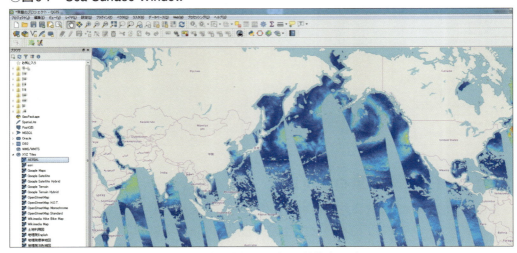

GCOM-W/AMSR2L3データの提供:独立行政法人　宇宙航空研究開発機構（JAXA）

注1　本稿執筆時点（2018年11月）、Project AERIALでは、JAXAが公開するデータを変換してタイルマップとして利用するための準備を行っています。タイル地図の一部は🔗 http://tms.aerial-proj.org/amsr2/sst/index.py で閲覧できます。

Part IV
テーマを決めて
データを可視化する

　本Partでは、インターネット上で手に入るオープンデータから「防災地図」「人口分布図」「山岳地図」「カッパの出没地図」を作成していきます。はじめはデータに付いている属性でカテゴリ分けをし、表現を付けていくことから始めましょう。そのまま使えるデータもあれば、データによっては加工したほうが使いやすいものもあります。またさまざまなデータを組み合わせて定番の、もしくは自分なりの新たな解析を行い、解析結果を可視化することも可能です。データの組み合わせからさまざまな可視化を楽しんでみましょう。

　なお、本PartではオープンソースソフトウェアのGISツールである「QGIS」を使います。Appendix A「QGIS操作ガイド」（194ページ）を参考にインストールしてください。本書ではQGIS 3.2で説明していますが、以降のバージョンでもほぼ同じ操作となります。

第10章：防災／減災／安全に役立つ地図を作成する
第11章：年齢別人口分布図を作成する
第12章：山岳表現を作成する（国内編）
第13章：山岳表現を作成する（世界編）
第14章：カッパ出没マップを作成する

Part IV：テーマを決めてデータを可視化する

第10章
防災／減災／安全に役立つ地図を作成する

市区町村などからオープンデータで公開されている情報の代表的なものとして、避難所やAED設置場所といった防災／減災／安全分野に関わる情報があります。国土数値情報からも、災害／防災というくくりで、土砂災害危険箇所、浸水想定区域、避難施設などが公開されています。地理空間情報がもっとも力を発揮する分野です。

10.1 データをダウンロードする

北海道室蘭市で提供するオープンデータを利用して、防災／減災に関する地図を作成してみましょう。該当データは図10-1から最新のものが提供されています。本章で使用するデータは表10-1のとおりです。それぞれダウンロードして解凍しておいてください。

○図10-1　むろらんオープンデータライブラリ
　　　　（URL http://www.city.muroran.lg.jp/main/org2260/odlib.php）

○表10-1　本章で利用する室蘭市オープンデータ

ジャンル	データ名／ファイル名	説明
地図	都市計画現況図平成23年版レイヤ別 DM_H23_Layer_20131211.zip（107MB）	都市計画現況図を分類毎にレイヤを分けたもの
安全	砂箱 sunabako_20140220.zip（19KB）	砂箱を設置している場所
防災	避難場所 hinanbasyo_20130826.zip（28KB）	災害時の避難場所
安全	AED設置事業所 aed_20170804.zip（12KB）	AED（自動体外式除細動器）を設置している事業所
防災	土砂災害警戒区域（土石流） dosekiryu_20170913.zip（14KB）	土砂災害警戒区域（土石流）のポリゴンデータ
防災	土石流危険区域 dosekiryukiken_20170913.zip（10KB）	土石流危険区域のポリゴンデータ
防災	洪水浸水深さ flood_20130826.zip（24KB）	洪水で浸水する深さの予測図

○図10-2　砂箱ポイント

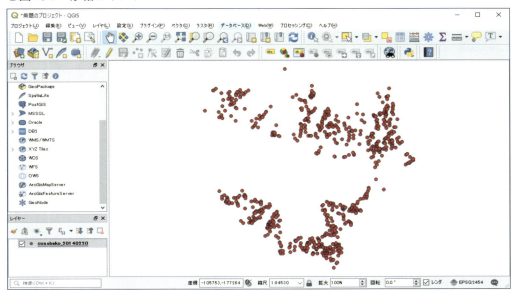

10.2　点要素のスタイル

　○○の設置場所、避難所といった点要素は、スタイルを定義して瞬時にわかるようにしておくのが一般的です。まず、ベクタデータを新規レイヤとして追加します。先ほど展開したデータの中から「sunabako.shp」を追加します（図10-2）。同様に「hinanbasyo.shp」を追

Part IV：テーマを決めてデータを可視化する

○図10-3　避難場所ポイント

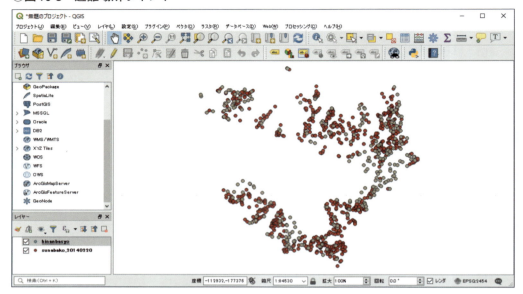

○図10-4　避難場所：ダイアログ

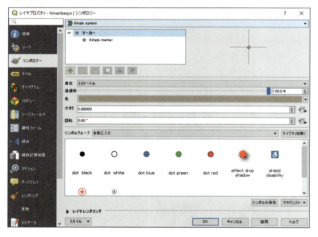

加します（図10-3）。

次に、レイヤパネルの「hinanbasyo」上で右クリック⇒［Properties］を開きます（図10-4）。［マーカー］⇒［Simple marker］⇒［シンボルレイヤタイプ］⇒［SVGグループ］を選択すると、図10-5のように下部に［SVGグループ］が表示されます。［SVGグループ］⇒［gpsicons］⇒ SVGイメージ内の■を選択して［OK］すると、アイコンのプロパティ変更が反映され、避難場所のアイコンが図10-6のようになります。

○図10-5　レイヤタイプ：SVGグループ

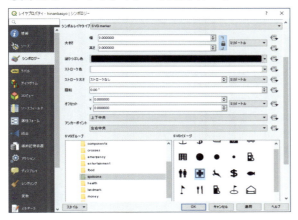

○図10-6　避難場所アイコンの変更後

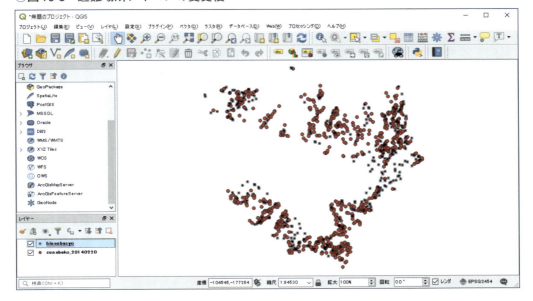

10.2.1　アイコンのユーザ定義

続いて「aed_20170804.shp」を追加します。レイヤパネルの［aed_20170804］を右クリック ⇒［Properties］で開いたダイアログで［Simple marker］⇒［シンボルレイヤタイプ］⇒［SVG marker］を選択します。下にスクロールすると［SVGグループ］の下に入力ボックスがあるので（**図10-7**）、次の文字列を入力して［OK］します。**図10-8**のように追加したAEDの設置場所のアイコンが変わります。

http://upload.wikimedia.org/wikipedia/commons/4/43/ILCOR_AED_sign.svg

Part Ⅳ：テーマを決めてデータを可視化する

○図10-7　レイヤタイプ：SVG グループ

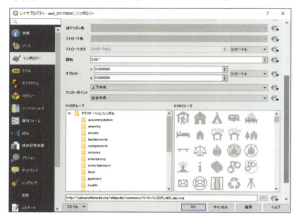

○図10-8　AED 設置場所アイコンの変更後

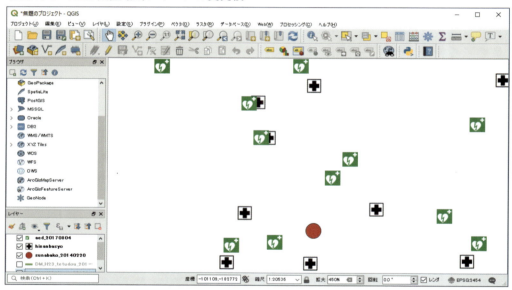

※図10-6 から画面下部の［拡大］を「450%」にして表示しています。

10.3 線要素のスタイル

　線要素のスタイルは、鉄道や道路、河川などがあります。前節の点データと重ねてみます。DM_H23_Layer_20131211 中から、次のデータを追加して、レイヤパネルにて道路と鉄道を下部に移動（表示順を下層に）してください（図10-9）。

- 道路データ：DM_H23_douro_20131211.shp
- 鉄道データ：DM_H23_tetsudo_20131211.shp

○図10-9　道路と鉄道を追加後

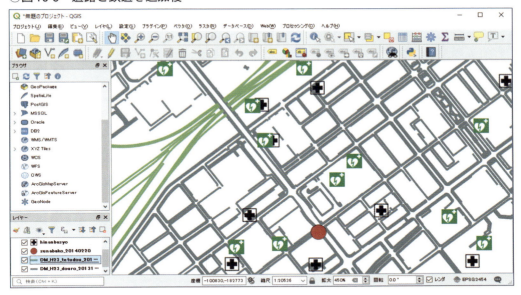

○図10-10　鉄道ラインのプロパティ定義

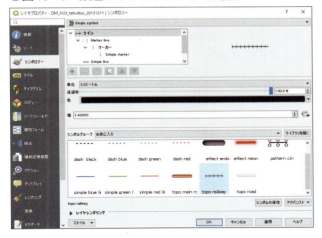

　レイヤパネルの［DM_H23_tetsudo_20131211］を右クリック⇒［Properties］で開いたダイアログで、［Simple line］⇒［シンボルレイヤタイプ］で［Marker line］に変更します。上部の［ライン］を選択し、［色］を黒色に変更して、［シンボルグループ］⇒［お気に入り］で「topo railway」を選択します（図10-10）。

　ここまで、図10-11のように表示されます。

○図10-11　鉄道の線スタイルを変更後

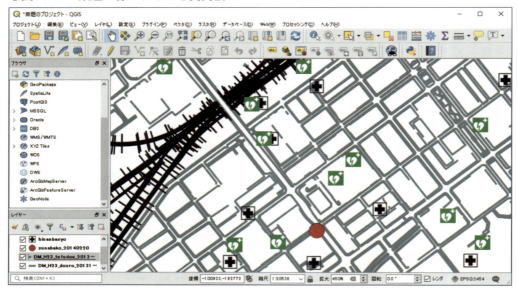

10.4 面要素のスタイル

　場所を指定する目標物はポイントですが、公園や建物そのものは本来ポリゴンで描かれます。また、災害の場合は、津波や洪水による、浸水地域などもポリゴンで描かれます。

10.4.1 土砂崩れデータ

　ここでは土砂崩れに関するデータを使用して、土砂災害が起こった場合を想定してみます。次の2つのファイルをベクタデータとして追加してください（図10-12）。

- 土砂災害警戒区域（土石流）：dosekiryu_20170913.shp
- 土石流危険区域：dosekiryukiken_20170913.shp

　図10-12をもとにして土砂災害が起こった場合に、通行できなくなる可能性がある区間を算出して描画してみましょう。メニューから［ベクタ］⇒［空間演算ツール］⇒［交差点］[注1]で図10-13を表示します。
　入力ベクタと交差レイヤには重ね合わせたいレイヤを2つ選択します。共通部分のくり抜いたレイヤは、新規のShapefileとして定義されるので、作成されるShapefileの保存先となるフォルダを選択してください。

注1　［交差点］と［クリップ］は共に2つのレイヤの共通部分が新しいレイヤとして作成されますが、結果のジオメトリの保存内容が異なります。［交差点］は交差する双方の属性値が保存され、［クリップ］は先に指定したレイヤの属性値だけが保持されます。

第10章：防災／減災／安全に役立つ地図を作成する

○図10-12　土砂災害警戒区域および土石流危険区域

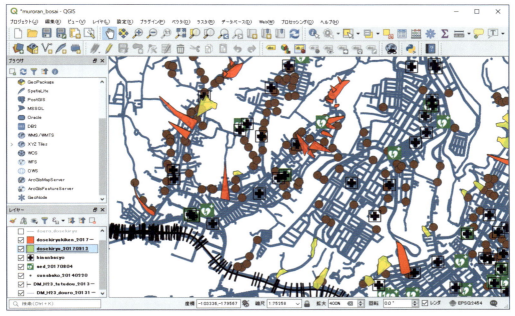

※土砂災害警戒区域（土石流）は黄色、土石流危険区域は赤色に変更。レイヤ順は道路と鉄道よりも上にした。

○図10-13　交差点ダイアログ

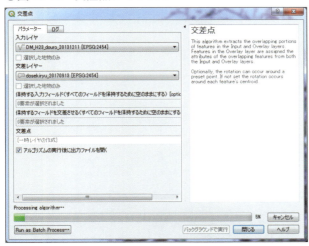

▶道路と土砂災害警戒区域（土石流）の交差部分を算出

　図10-13の［入力レイヤ］に「DM_H23_douro_20131211」、［交差レイヤ］に「dosekiryu_20170913.shp」を指定して［バックグラウンドで実行］をクリックします。図10-14のように少し時間がかかりますが、処理が進みます。作成されたレイヤ「交差点」の名前を「douro_dosekiryu」に変更します。

○図10-14　交差点ダイアログ（バックグラウンドで実行）

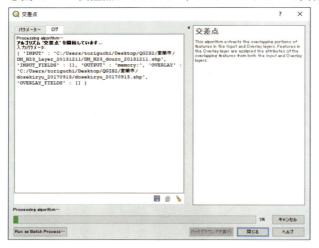

○図10-15　和ダイアログ

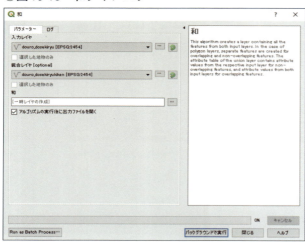

▶道路と土石流危険区域の交差部分を算出

　同様に、図10-13の［入力レイヤ］に「DM_H23_douro_20131211」、［交差レイヤ］に「dosekiryukiken_20170913」を指定して［バックグラウンドで実行］をクリックします。作成されたレイヤ「交差点」の名前を「douro_dosekiryukiken」に変更します。

▶算出した交差部分の結合

　メニューから［ベクタ］⇒［空間演算ツール］⇒［和］で「douro_dosekiryu」と「douro_dosekiryukiken」で結合し、土砂災害の関連のある個所として扱える1つのベクタとします（図10-15）。作成されたレイヤ「和」の名前を「douro_dosekiryu_union_kiken」に変更し

○図10-16　土砂災害警戒区域および土石流危険区域の道路

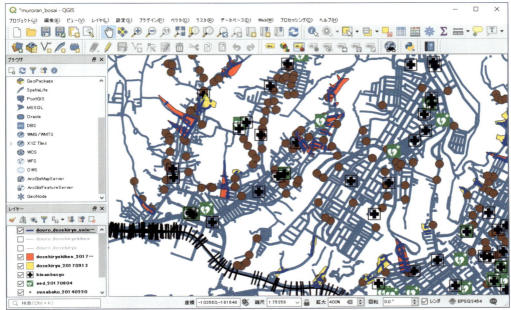

ます。

　この一連の作業で作成したのが図10-16になります。青太線部分の道路は、土石流の危険地域と重複する道路であることがわかります。

10.4.2　洪水浸水の深さデータ

　続いて、洪水浸水深さ（flood_20130826.shp）を読み込んでください（ソースタイプのエンコーディングは「SJIS」です）。図10-17が表示されます。

　ここでは、図10-17を浸水深毎（表10-2）に色分け表示します。

　レイヤパネルの［flood_20130826］を右クリック⇒［Properties］でダイアログを開き、上部の「Single symbol」を「Categorized」に変更します[注2]（図10-18）。［カラム］は「浸水深さ」、［カラーランプ］を「Blue」に変更します。さらに左下の［分類］をクリックすることで[注3]、浸水の程度で色分けをして表示されます（図10-19）。

注2　「Categorized」以外に「Graduated」（目盛り付き）もありますが、「flood_20130826」の「浸水深さ」は「○○m以上〜○○m未満」という表記になっており、数値列ではないため単純に階層化ができなくなるため、選択できません。

注3　分類後、値の入っていないシンボルがありますが、非表示か削除してください。

○表10-2　浸水程度の目安

浸水深	浸水程度の目安
0～0.5m	大人の膝までつかる（床下浸水）
0.5～1.0m	大人の顔までつかる（床上浸水）
1.0～2.0m	1階の軒下まで浸水する
2.0～5.0m	2階の軒下まで浸水する
5.0m以上	2階の屋根以上が浸水する

○図10-17　洪水浸水深さ

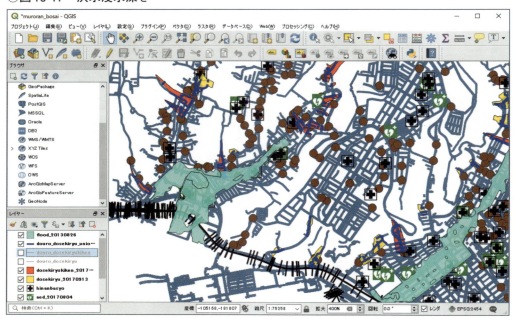

○図10-18　lood_20130826のシンボロジー

第 10 章：防災／減災／安全に役立つ地図を作成する

○図10-19　洪水浸水深さ（色分け設定後）

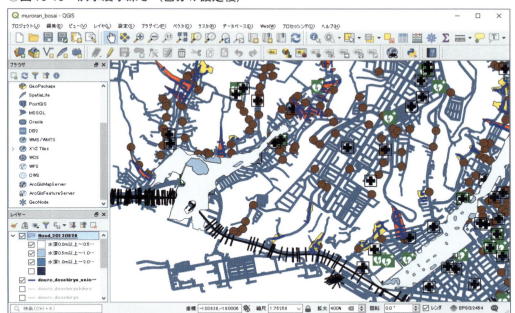

Part IV：テーマを決めてデータを可視化する

第11章
年齢別人口分布図を作成する

　ポリゴンに付いている属性を利用して、階数分けをして色分け表示をする地図を「コロプレスマップ（階数区分図）」と呼びます。都道府県別や市区町村別に、人口数に応じて色付けした地図を目にしたことはあると思います。本章では4年に一度行われている国勢調査のデータを利用して、コロプレスマップを作成していきます。

11.1　コロプレスマップ（階数区分図）

　本章では、国勢調査から人口をもとに図11-1のような「コロプレスマップ（階数区分図）」を作成します。

11.2　政府統計の総合窓口（e-Stat）

　国勢調査に限らず各府省庁で公開されている統計情報は、「政府統計の総合窓口：e-Stat」（図11-2）から利用できます。利用に際しては、同サイトの「利用規約」（URL https://www.e-stat.go.jp/terms-of-use）を確認してください。一部を抜き出すと、次のような内容になります。利用の前にサイトにて全文を確認しておきましょう。

- 出典の記載について
　コンテンツを利用する際は出典を記載してください。
　コンテンツを編集・加工等して利用する場合は、上記出典とは別に、編集・加工等を行ったことを記載してください。なお、編集・加工した情報を、あたかも国（または府省等）が作成したかのような態様で公表・利用してはいけません。
- 第三者の権利を侵害しないようにしてください
　コンテンツの中には、第三者（国以外の者

○図11-1　コロプレスマップ（階数区分図）

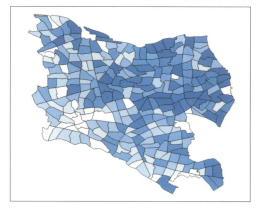

○図11-2　政府統計の総合窓口：e-Stat　(URL) http://e-stat.go.jp/

をいいます。以下同じ。）が著作権その他の権利を有している場合があります。第三者が著作権を有しているコンテンツや、第三者が著作権以外の権利（例：写真における肖像権、パブリシティ権等）を有しているコンテンツについては、特に権利処理済であることが明示されているものを除き、利用者の責任で、当該第三者から利用の許諾を得てください。

　コンテンツのうち第三者が権利を有しているものについては、出典の表記等によって第三者が権利を有していることを直接的又は間接的に表示・示唆しているものもありますが、明確に第三者が権利を有している部分の特定・明示等を行っていないものもあります。利用する場合は利用者の責任において確認してください。

　第三者が著作権等を有しているコンテンツであっても、著作権法上認められている引用など、著作権者等の許諾なしに利用できる場合があります。

11.3　データをダウンロードする

　政府統計の総合窓口：e-Statでは、統計情報の閲覧などさまざまな機能があります。データをダウンロードするには、［地図で見る］⇒［統計データダウンロード］と［地図で見る］⇒［境界データダウンロード］に進みます。「統計データ」とKEYコードで結び付けられる「境界データ」が別々に提供されています。

　まず、［統計データダウンロード］に進むと、提供されている政府統計名が表示されます（図11-3）。

　図11-3で「国勢調査」を選択してください。続いて、調査年を選択できますので「2015年」を開きます。国勢調査の結果は、小地域（＝行政単位）と標準地域メッシュ[注1]単位で提供

注1　コラム「標準地域メッシュコードとは？──2050年の人口予想図を表示」（119ページ）を参照ください。

○図11-3　データダウンロード（政府統計名選択）

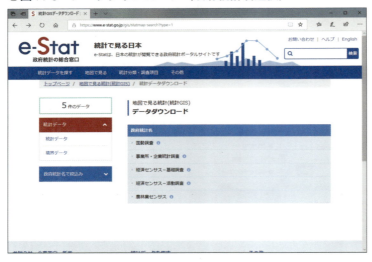

○図11-4　データダウンロード（年度、統計表選択）

されています。国勢調査の調査項目は多岐にわたるため、いくつかの表に分かれていますが、小地域のほうが提供されている表が多いです。ここでは「小地域（町丁・字等別）」を開きます（図11-4）。

「年齢別（5歳階級、4区分）、男女別人口」を選択すると、ダウンロードする地域の選択になります（図11-5）。データは県単位でダウンロードできます。ここでは「13 東京都」をダウンロードします。形式「CSV」と表示されているところをクリックするとダウンロードが始まります。

ダウンロードした統計データに対応した境界データもダウンロードします。［地図で見る］⇒［境界データダウンロード］に進みます。統計データと同じ要領で、「政府統計名」「調査

○図11-5：データダウンロード（地域選択）

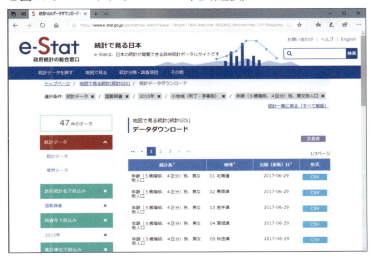

○図11-6　境界データダウンロード（ファイル形式選択）

年」「小地域（町丁・字等別）」と選択を続けてください。境界データはいくつかのフォーマットで提供されていますが、「世界測地系緯度経度・Shape形式」を選択します（**図11-6**）。境界データは、県単位もしくは市区町村単位でダウンロードでき、ここでは「13112 世田谷区」をダウンロードします。形式「世界測地系緯度経度・Shape形式」と表示されているところをクリックするとダウンロードが始まります。

11.4 ファイルを開く

ダウンロードしたデータ（ZIP形式）を解凍します。境界データ（A002005212015DDSWC131

○図11-7　フォルダオプション

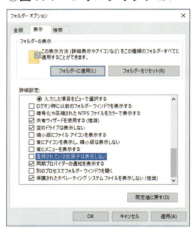

12）はESRI Shapefileになっているので、拡張子が「.shp」「.shx」「.dbf」「.prj」の4ファイルがあります。統計データ（tblT000849C13）は、テキストファイルが1つです。QGISでこれらのファイルを使う前に、統計データのテキストファイルを加工していきます。

11.4.1　統計データの拡張子の変更

拡張子を「.txt」から「.csv」に変更します（tblT000849C13.csv）。拡張子を「.csv」にしておくと、QGISにドラッグ＆ドロップするだけで、カンマで区切られたテキストファイルと判断して読み込んでくれます。

なお、拡張子が表示されていない場合は、フォルダオプション（図11-7）を表示して[注2]、「登録されている拡張子は表示しない」のチェックを外してください。

11.4.2　型の指定

QGISは、CSVファイルを読み込む際に属性値の型（文字列、数値）を自動で判断します。ただし、統計データでは次の点が問題になります。

- 行政区画に付けられているコードを数値と判断し、先頭の「0（ゼロ）」が抜けた状態になる
- データがない項目や秘匿地域は、統計値の代わりに「-」や「X」が入れられているため文字列と判断され、数での階層分け（0から10の場合に何色など）ができない

これらを防ぐために、属性値の型を指定したファイルを別に用意します。CSVファイルと同じ名前で、拡張子を「.csvt」にして、各属性の型をカンマ区切りで並べます。指定できる型は「integer」「real」「string」で、さらに「integer(9)」「real(10.2)」「string(10)」のように長さも指定できます。

今回のテキストファイルの場合、「"string","integer","string","string","integer","integer","integer"」の後に「"integer"」が60回続くファイル（リスト11-1）を用意します。「tblT000849C13.csv」と「tblT000849C13.csvt」は同じフォルダに配置します。

注2　フォルダオプションの表示方法はWindows OSのバージョンによって異なるので、ヘルプなどで確認してください。

○リスト11-1　tblT000849C13.csvt

```
"string","integer","string","string","integer","integer","integer","integer","integer","integer","integer","integer","integer","integer","integer","integer","integer","integer","integer","integer","integer","integer","integer","integer","integer","integer","integer","integer","integer","integer","integer","integer","integer","integer","integer","integer","integer","integer","integer","integer","integer","integer","integer","integer","integer","integer","integer","integer","integer","integer","integer","integer","integer","integer","integer","integer","integer","integer","integer","integer","integer","integer","integer","integer","integer","integer","integer","integer","integer","integer"
```

○図11-8　QGISで読み込み後

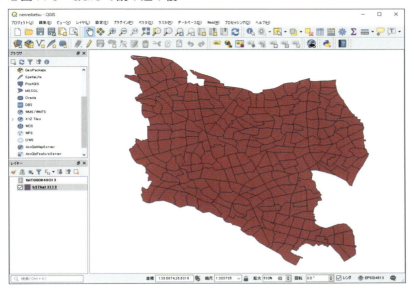

11.4.3 QGISで読み込み

QGISへESRI ShapefileとCSVファイルをドラッグ＆ドロップして読み込みます（図11-8）。

11.5　小地域データに統計データを結びつける

空間解析を行うには、まず図形をポリゴンで持っている境界データと、属性値だけを持っている統計データを結び付ける作業が必要です。両データは行政区画毎に付与されたコードで結びつけられます。［レイヤ］⇒ 境界データ［h27ka13112］を右クリック ⇒ ［Properties］でダイアログを開き、［結合］⇒ ［＋］ボタンで「ベクタ結合の追加」ダイアログ（図11-9）を表示します。

境界データと結びつけるレイヤと、結びつけるために使用する両データの属性を指定します。ここでは、次のように指定します。

○図11-9　ベクタ結合の追加

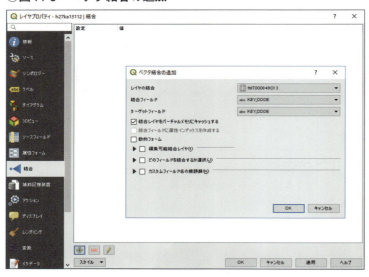

○図11-10　結合後のフィールド

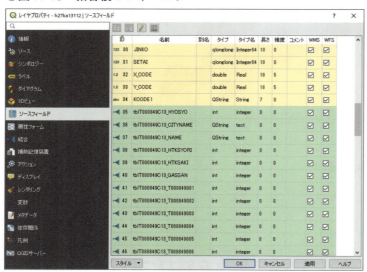

- 結合するレイヤ：tblT000849C13
- 結合フィールド：KEY_CODE（統計データレイヤの行政コードのフィールド名）
- ターゲットフィールド：KEY_CODE（境界データレイヤの行政コードのフィールド名）

　［レイヤプロパティ］⇒［ソースフィールド］を表示すると、境界データが持っていた属性の後ろに、統計データのレイヤ名で始まるフィールドが追加されていることが確認できます（図11-10）。

○図11-11　色分け設定

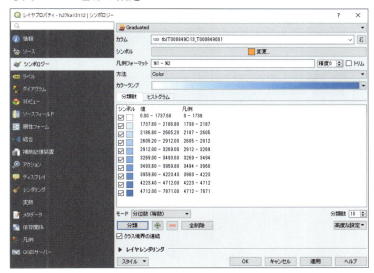

11.6 人口（住民数）で色分けする

　境界データと統計データの結びつけができたので、結びつけた属性を利用して色分けします。［レイヤ］⇒ 境界データ［h27ka13112］を右クリック ⇒［Properties］でダイアログを開き、上部の［Single symbol］を［Graduated］に変更します（図11-11）。人口をいくつかの階数に分けて色分け表示します。

　まずは「総数、年齢「不詳」含む」を使って色分けしてみます（QGISでのカラム名は「tblT000849C13_T000849001」）。［モード］を「分位数（等数）」にすると、［分類数］で指定した数値で等量のポリゴンが入るように段階分けをしてくれます。［色階調］は用意されている好みの色設定を選択してください。設定後、［分類］⇒［適用］でベクタデータの表示スタイルが反映されます（図11-12）。

11.6.1 比較のためのコロプレスマップの作成

　図11-2のコロプレスマップは、1つのフィールド内に含まれる数字をもとに作成したものです。違うフィールドを選択して同じように階数分けすると基準が変わってしまうため、フィールド間を比較するには適していません。フィールド間を比較するには基準となる階数分けスタイルを作成し、各フィールドをもとにしたコロプレスマップを作成したほうがわかりやすいでしょう。

　ここでは、年齢毎（15歳未満、65歳以上、75歳以上）に階層分けしたコロプレスマップを作成します。

　まず［レイヤプロパティ］⇒［シンボロジー］で、現在設定されている階層を利用して「値」

Part IV：テーマを決めてデータを可視化する

○図11-12　住民数で色分け表示

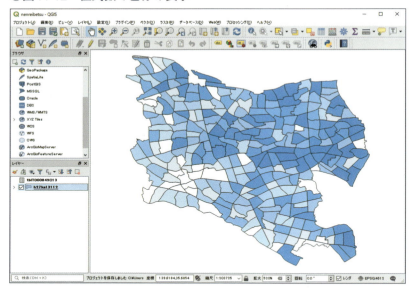

○図11-13　共通の色分け設定

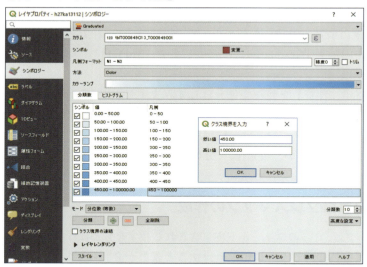

と「ラベル」を変更していきます[注3]（図11-13）。「値」の区切りは、厳密に行うのであれば、すべてのフィールドに含まれる数字の最大値を表計算ソフトなどで計算してから決めていくことになりますが、ここでは大まかに分けて、最大値で十分大きな値を指定して全数字をカバーするような設定にしてみました。

注3　いったん全削除して、分類を1つずつ追加してもよいですが、シンボロジーのグラデーション設定をやり直す必要があります。先に、自動で分類させておいてから値を変更するほうが既存の色設定を利用できて簡単になります。

○図11-14　15歳未満の総数　　○図11-15　65歳以上の総数　　○図11-16　75歳以上の総数

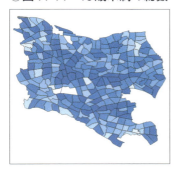  

「カラム」を変更しながら描画させることで、共通の階数分けでコロプレスマップ（図11-14〜11-16）を表示できます。

11.7 選択したレイヤを出力する

境界データと統計データを結びつけたデータは、境界データのESRI Shapefileには反映されず、QGISのプロジェクトファイル上に保存されます。もし、結びつけた状態のデータを他のシステムで利用したい場合は、境界データを別途保存しなおす必要があります。境界データを右クリック⇒［エクスポート］⇒［Save Features As］でフォーマットを選択して、別ファイルとして保存してください。

11.8 保存する

境界データと統計データの結合や、境界データへの階数分けスタイルの設定は、QGISのプロジェクトファイルに保存されます。メニューから［プロジェクト］⇒［保存］（もしくは［Save As］）をしてください。

コラム　標準地域メッシュコードとは？
——2050年の人口予想図を表示

▶標準地域メッシュコード

統計情報を見る際に、行政区画の単位で見てしまうと、各区画の面積が違うため情報を見誤ってしまうことがあります。広い行政区画と狭い行政区画の統計情報を単純に比較できませんし、それぞれの行政区画内でも統計情報の偏りはあるはずです。傾向を見るためには同じ大きさの区画に区切ったほうが便利な場合が多々あります。使用する区画も独自のものにするのではなく、標準的に決められているほうが、年度間の比較や他の統計情報と合わせて

の解析時に便利です。国の機関から出される統計情報や地図情報の区画には、「標準地域メッシュコード」が使用されています。

標準地域メッシュコードは決められた緯度経度で分割された、いくつかのレベルが定義されています（**表11-A**）。例えば、第1次地域区画（1次メッシュ）は、緯度差40分、経度差1度の区画です。南西端の経緯度からメッシュコードを計算できます。第2次地域区画（2次メッシュ）は第1次地域区画を緯線方向および経線方向に8等分してできる区画で、緯度差5分、経度差7分30秒となります。

〇表11-A　標準地域メッシュコードの定義

区画	上位区画との関係	緯度差	経度差	区画の距離
	メッシュコード			
第1次地域区画 （1次メッシュ）		40分	1度	約80km
	4桁の数字。上2桁は緯度（度）×1.5（小数点以下は切り捨て）、下2桁は経度（度）－100			
第2次地域区画 （2次メッシュ）	第1次地域区画を緯線、経線方向に8等分	5分	7.5分	約10km
	6桁の数字。1次メッシュ（4桁）に続いて、緯線方向南から北に0－7、経線方向西から東に0－7			
第3次地域区画 （3次メッシュ）	第2次地域区画を緯線、経線方向に10等分	30秒	45秒	約1km
	8桁の数字。2次メッシュ（6桁）に続いて、緯線方向南から北に0－9、経線方向西から東に0－9			
2分の1地域メッシュ	第3次地域区画を緯線、経線方向に2等分	15秒	22.5秒	約500m
	9桁の数字。3次メッシュ（8桁）に続いて、南西メッシュを1、南東メッシュを2、北西メッシュを3、北東メッシュを4			
4分の1地域メッシュ	2分の1地域メッシュを緯線、経線方向に2等分	7.5秒	11.25秒	約250m
	10桁の数字。2分の1地域メッシュ（9桁）に続いて、南西メッシュを1、南東メッシュを2、北西メッシュを3、北東メッシュを4			

▶人口予想図の表示

実際に、地域メッシュコードを利用したオープンデータを可視化してみましょう。国土数値情報（**図11-A**）の1kmメッシュ別将来推計人口（H29国政局推計）を使用します。データ形式［GML(JPGIS2.1)シェープファイル］⇒［5.各種統計］⇒［1kmメッシュ別将来推計人口（H29国政局推計）（Shape形式版）］を選択、データの詳細が表示されます。［ダウンロードするデータの選択］から［全国］⇒［次へ］でファイル選択画面（**図11-B**）になります。

アンケートに答えて、利用規約に同意すると、データをダウンロードできます。ESRI ShapefileがZIP圧縮されていますので、解凍後、QGISで表示します。レイヤの［Mesh_POP_00］を右クリック⇒［Properties］でダイアログを開き、上部の［Single symbol］

第 11 章：年齢別人口分布図を作成する

を［Graduated］に変更し、［カラム］を「POP2050」に設定し、［モード］を「等間隔」、［分類数］を「10」に表示したものが、**図11-C**です。

○図11-A：国土数値情報のWebサイト　(URL http://nlftp.mlit.go.jp/ksj/)

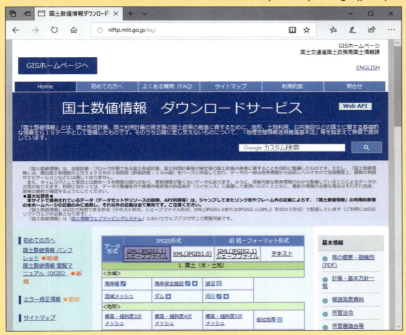

○図11-B　ファイル選択画面

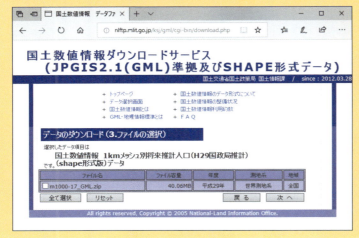

Part IV：テーマを決めてデータを可視化する

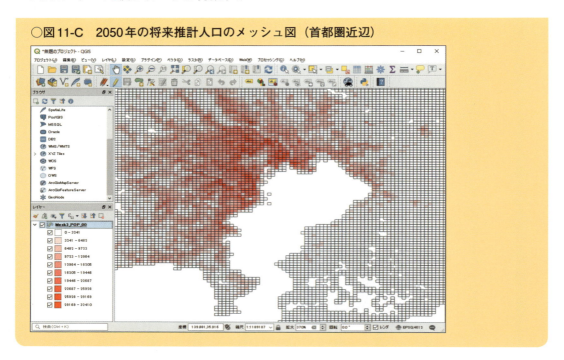

○図11-C　2050年の将来推計人口のメッシュ図（首都圏近辺）

第12章
山岳表現を作成する（国内編）

　地域の地形を表現するためのデータを「数値標高モデル（DEM；Digital Elevation Model）」と呼びます。数値標高モデルには、航空レーザー測量や写真測量によって特定の地域を詳細に記録したものから、スペースシャトルに搭載したレーダーを使って世界全域をカバーしたものまであります。本章では、公開されている数値標高モデルを利用して、山岳表現の地図を作成します。

> 本章で利用するQGISのラスタ解析機能は、執筆時点でのバージョン（3.2）では日本語ファイル名や日本語フォルダ名に完全には対応していないので、ファイル名やフォルダ名に日本語を含まないようにしてください。

12.1 データをダウンロードする

　国内の詳細な数値標高モデルは国土地理院の基盤地図情報サイト（URL http://www.gsi.go.jp/kiban/）からダウンロードできます（基盤地図情報で公開されているデータをダウンロードするためには利用者登録をする必要があります。Webサイトに従ってIDとパスワードを作成してください）。

　ログイン後、基盤地図情報のダウンロードサービス（**図12-1**）に移動し、「基盤地図情報数値標高モデル」を選択します。種類とエリアを選択してファイルをダウンロードします。種類は「5mメッシュ」と「10mメッシュ」があります。エリアは地図上で選択のほか、市区町村や2次メッシュ番号からも選択できます。必要なデータを選択したら、画面に従いファイルをダウンロードします。なお、基盤地図情報のデータを利用するには測量成果の複製／使用に関する制限があるので、事前に確認しておきましょう。

Part IV：テーマを決めてデータを可視化する

○図12-1　ダウンロードファイル形式選択

コラム　10mメッシュは10mではない？

　基盤地図情報の数値標高モデルには「5mメッシュ」と「10mメッシュ」があります。例えば「10mメッシュ」であれば、該当地域の標高をちょうど10m間隔で取得したデータのように思いますが、厳密には違います。

　実際には、「10mメッシュ」は緯度、経度方向に0.4秒間隔で取得したデータになっています。緯度によって若干異なりますが0.4秒を距離に換算すると約10mになるため「10mメッシュ」と呼ばれています。同様に、5mメッシュは0.2秒間隔のデータで距離換算が約5mなので「5mメッシュ」と呼ばれています。そのため、もとのデータの座標値も緯度経度になっているので利用する際には注意しましょう。

12.2　グリッドデータに加工する

　ダウンロードしたデータは、XML形式のJPGIS（GML）データです。山岳表現を作成するためにJPGIS（GML）のデータをGeoTIFF形式のグリッドデータ（ラスタ）に加工します。
　まず、JPGIS（GML）を「基盤地図情報ビューア」（66ページ）でシェープファイル形式に変換します。基盤地図情報ビューアのメニューから［ファイル］⇒［新規プロジェクト作成］で新規プロジェクト作成ダイアログ（図12-2）を開き、「読み込むファイル」と「保存先フォルダ」を指定して［OK］します。
　データが読み込まれたのを確認して、メニューから［エクスポート］⇒［標高メッシュをシェープファイルへ出力］で図12-3を開き、［直角座標系に変換して出力］のチェックをは

○図12-2 新規プロジェクトの作成

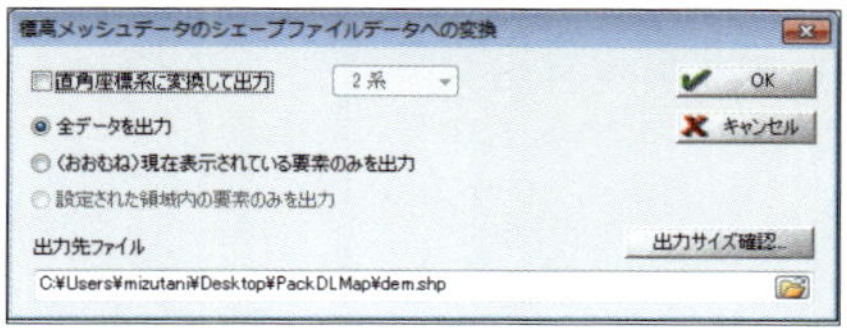

○図12-4 属性名の変更

○図12-3 標高メッシュデータの
　　　　シェープファイルデータへの変換

○図12-5 ラスタ化（ベクタのラスタ化）

ずし、［出力先ファイル］を指定して［OK］します。［直角座標系に変換して出力］のチェックをはずすことによって、座標値は緯度経度として変換されます。

次に、シェープファイルをGeoTIFF形式に変換します。QGISを起動して、先ほど変換したシェープファイルを読み込みます。シェープファイルの属性名を確認すると「標高」になっており、GeoTIFFへの変換処理でエラーとなるためアルファベット表記に変更しておきます。レイヤのデータを右クリック⇒［Properties］⇒［ソースフィールド］を開いて（図12-4）、上部の鉛筆ボタンをクリックし編集モードに切り替えます。「標高」の部分をダブルクリックして「height」と変更し、再び鉛筆ボタンを押して変更を保存します。

そして、QGISメニューから［ラスタ］⇒［変換］⇒［ラスタ化（ベクタのラスタ化）］を選択して図12-5を表示します。［Field to use for a burn-in value］は「height」を指定します。［出力ラスターサイズの単位］は「Georeferenced units」を選択し、［幅/水平方向の解像度］と［高さ/鉛直方向の解像度］の欄にメッシュ間隔を入力します。10mメッシュのデータであれば0.4秒間隔なので、単位を秒から度に変換した値（0.00011111）を、同様に5mメッシュのデータであれば0.2秒間隔なので、単位を秒から度に変換した値（0.00005556）を入力します。［出力領域］は［...］⇒「レイヤ/キャンパス領域を使用する」を選択して「dem」を指定します。［ラスタ化］は［...］⇒［Save to File］から出力ファイル名を指定します。［バックグラウンドで実行］ボタンを押すとGeoTIFF形式のグリッドデータに変換されます。なお、

QGIS3.2の「幅」「高さ」のテキストボックスでは全桁数が表示されませんが、[GDAL/OGRコンソールコール]で実際の値を確認できます。

コラム 数値標高モデルの変換ツール

基盤地図情報の数値標高モデルデータを変換するための便利なツールが公開されています。

- 基盤地図情報 標高DEMデータ変換ツール：
  URL http://www.ecoris.co.jp/contents/demtool.html

これを利用すればJPGIS（GML）形式から直接GeoTIFF形式に変換できます。

12.3 標高毎に色分けする

　数値標高モデルのデータを標高毎に色分けしてみましょう。QGISにGeoTIFF形式に変換した数値標高モデルのファイルを読み込みます（図12-6）。

　レイヤに表示されている標高データを右クリック ⇒ [Properties] ⇒ レイヤプロパティの［シンボル体系］（図12-7）で、［レンダリングタイプ］を「Singleband pseudocolor」に変更し、［カラーランプ］のカラーリストから「Create New Color Ramp」を選択します。

　［カラーランプのタイプ］（図12-8）から「カタログ:cpt-city」を選択して[OK]し、［テーマで選択］タブから「Topography」を選択すると標高に適したカラー階調の一覧（図12-9）が表示されるので、好みのカラー階調を選択します。

　レイヤプロパティの［シンボル体系］タブに戻ると選択したカラー階調に従って最小から最大までの標高値が自動的に何色で描画するかが分類されているので（図12-10）、[OK]すると地図に選択した色が反映されます（図12-11）。

　その他にも［モード］を「等分位」にして分類数を指定したり、手動で分類値と色を指定したり、［色の補間］方法を「離散的」にしたりといったこともできます。

第 12 章：山岳表現を作成する（国内編）

○図12-6　数値標高モデルの読み込み

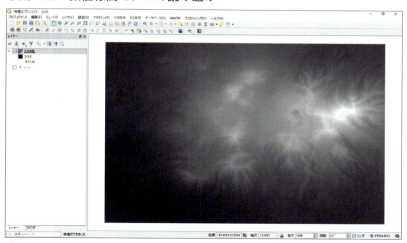

○図12-7　スタイルの設定

○図12-8　カラー階調タイプの選択

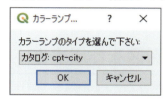

○図12-10　スタイル色読み込み

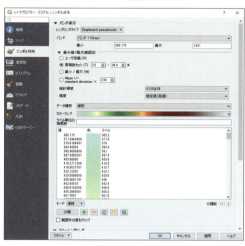

○図12-9　cpt-cityカラー階調の選択

Part Ⅳ：テーマを決めてデータを可視化する

◯図12-11　標高毎の色分け

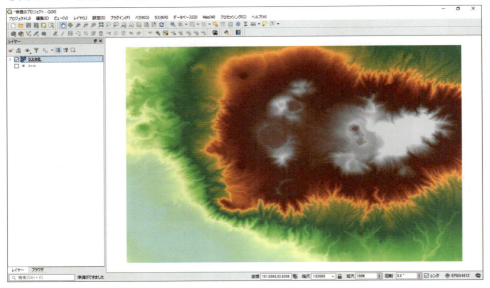

12.4 陰影図を作成する

　数値標高モデルのデータから地形の陰影図を作成してみましょう。陰影図とは、太陽光が起伏のある地形に当たった際にできる影を地図上に表したもので、地形が立体的に見えるのが特徴です。

　QGISにGeoTIFF形式に変換した数値標高モデルのファイルを読み込み、メニューから［ラスタ］⇒［解析］⇒［陰影図］を選択して図12-12を表示し、次のように設定します。

- 入力レイヤ：読み込んだデータを指定
- スケール（垂直方向の単位と水平の比率）：「111120」を入力
- 陰影図：出力するファイル名を指定

　ここで「スケール（垂直方向の単位と水平の比率）」について説明します。まず、垂直方向の単位とは標高値の単位のことで、今回のデータであればメートルになります。海外のデータであればフィートの場合もあるかもしれません。

　次に、水平（方向の単位）とは座標系の単位のことです。今回のデータであれば緯度経度の地理座標系になっているので単位は角度です。投影座標系であればメートルもしくはフィートです。つまり、「垂直方向の単位と水平の比率」とは、座標系の単位に対する標高の単位の比率ということになります。例えばどちらの単位もメートルであれば比率は1になります。

　今回のデータの場合、座標系の単位は角度で標高の単位はメートルなので、1度が何メー

○図12-12　DEM（地形モデル）の設定

○図12-13　陰影図

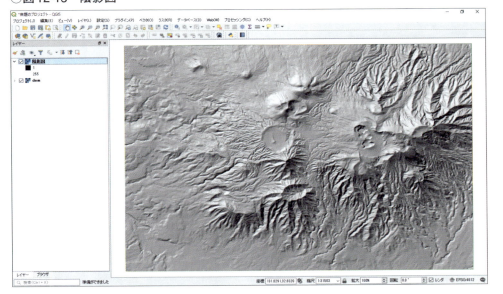

トルになるのかを計算する必要があります。その結果、厳密には緯度によって値は異なりますが、今回はおおよその値として1度を「111120メートル」としておきます。［バックグラウンドで実行］ボタンを押すと陰影図（図12-13）が作成されます。

12.5 色分けした標高データと陰影図を重ねる

　QGISに色分け済みの標高データと陰影図を読み込みます。［レイヤ］タブで標高データのレイヤが陰影図のレイヤの上になるようにします。レイヤの順番を入れ替えるにはレイヤを

ドラッグ＆ドロップで移動させます。

　標高データのレイヤを右クリック⇒［Properties］でレイヤプロパティの［シンボル体系］タブを開き、［カラーレンダリング］の［混合モード］（**図12-14**）を「乗算」に変更して［OK］すると、標高データの色が陰影図の色と混ぜ合わされ、標高毎に色分けされた陰影図（**図12-15**）が作成されます。［混合モード］は「乗算」以外にもいくつかあるので、いろいろと試してみるとよいでしょう。

○図12-14　混合モードの設定

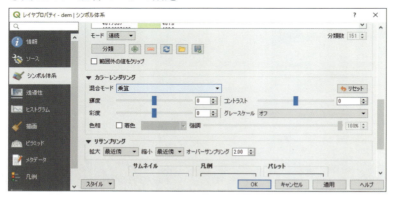

○図12-15　標高ごとに色分けされた陰影図（陰影段彩図）

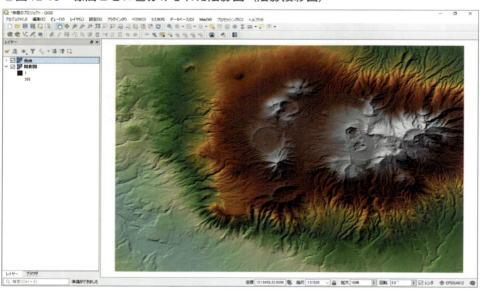

第13章
山岳表現を作成する（世界編）

世界全域の数値標高モデルは、いくつかの機関で作成されていますが、本章では「NOAA（アメリカ海洋大気局）」で公開している「ETOPO1」と呼ばれるデータを利用します。ETOPO1は、世界全域の標高を1分間隔（約1.8km）のグリッドで格納した数値データです。

13.1 データをダウンロードする

ETOPO1 Global Relief ModelのWebサイト（図13-1）中段にある「Download Whole-World Grids」からデータをダウンロードします。「ETOPO1 Ice Surface」は南極とグリーンランドの氷上を地表面としたデータで、「ETOPO1 Bedrock」は氷の下にある岩盤を地表面としたデータです。また、「grid-registered」と「cell-registered」は、データの格納方法

○図13-1　ETOPO1のWebサイトのWebサイト
（URL http://www.ngdc.noaa.gov/mgg/global/）

Part Ⅳ：テーマを決めてデータを可視化する

○図13-2　ETOPO1データを投影変換

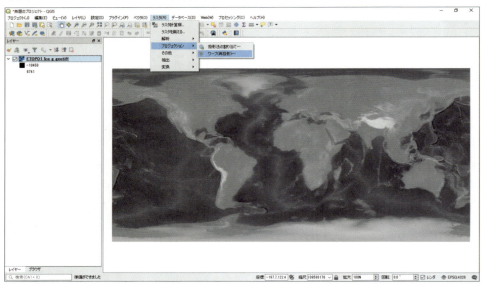

が異なります。ここでは、「ETOPO1 Ice Surface」の「grid-registered」から「georeferencedtiff（GeoTIFF形式）」のデータを選択します。

　ETOPO1データのライセンスはパブリックドメインです。ETOPO1データを利用した地図を公開する際には「NOAA National Geophysical DataCenter の ETOPO1データを使用」などと記載しておくとよいでしょう。

13.2　投影法を変換する

　ダウンロードしたデータの投影法は座標値が緯度経度の地理座標系になっています。ここでは世界地図を格好良く見せるために、データをロビンソン図法と呼ばれる投影法に変換してみましょう。

　QGISにダウンロードしたデータ（ETOPO1_Ice_g_geotiff.tif）を読み込み、メニューから［ラスタ］⇒［プロジェクション］⇒［ワープ（再投影）］を選択し（図13-2）、図13-3を表示します。QGISにデータを読み込む際に座標参照系選択ダイアログが表示されます。それは読み込んだラスタに測地系や投影法が設定されていないためですが、このあとの操作で指定するのでここでは座標参照系選択ダイアログをキャンセルしてください。

　図13-3は次のように設定します。

- 入力ファイル：読み込んだデータを指定する
- 変換元CRS：「EPSG:4326-WGS84」を選択する
- 変換先CRS：地球ボタンを押して「EPSG:54030（World Robinson）」を選択する

- 使用するリサンプリング方法：「バイリニア」を選択する
- 出力バンドのNodata値：「-9999」を入力する
- 再投影された：出力するファイル名を指定する

［バックグラウンドで実行］ボタンを押すと投影変換を実行します（少し時間がかかります）。変換が終了すると地図キャンバスにロードされますが、何も変わらないように見えます。これはデータの投影法とプロジェクトの投影法とが一致していないためです。

○図13-3　ワープ（再投影）の設定

13.3 標高毎に色分けする

　QGISを再度起動して、ロビンソン図法に変換したファイルを読み込みます。今度は、プロジェクトの投影法が自動的にロビンソン図法に切り替わるので、正しく饅頭型の世界地図が表示されます。

　これに世界地図らしく標高毎に色分けをします。日本の範囲内での場合と同様に標高レイヤのスタイルを設定すればよいのですが、すでにQGIS用のスタイルファイルとして用意したものがあります。GitHub　Gistのサービスにアップロードした「etop1_style.qml」のページ[注1]にアクセスします（図13-4）。［Download ZIP］でファイルをダウンロードします。

　QGISに戻り、標高レイヤを右クリック⇒［Properties］⇒レイヤプロパティの［シンボル体系］タブで［スタイル］⇒［Load Style］を押し、先ほど保存した「etop1_style.qml」を選択します。図13-5のように標高毎の色分けの設定が読み込まれるので、そのまま［OK］すれば地図に反映されます（図13-6）。

注1　URL https://gist.github.com/tmizu23/81a1f606b41d6209a5ad5ec5041ff640

Part IV：テーマを決めてデータを可視化する

○図13-4　QGIS用のスタイルファイルを取得するWebサイト（GitHub Gist内）

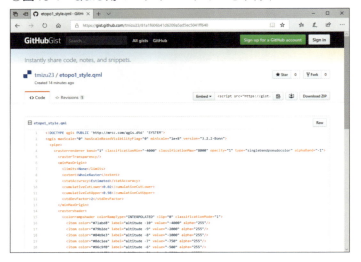

○図13-5　スタイルの読み込み

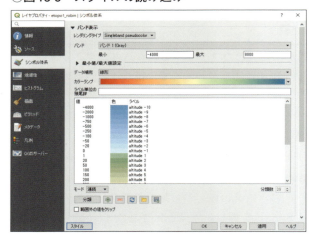

○図13-6 色分けした世界の標高データ

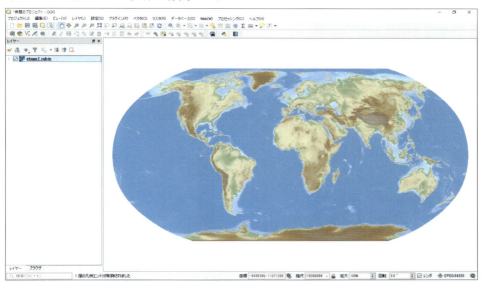

13.4 色分けした標高と陰影図を重ねる

陰影図の作成方法は前章「12.4：陰影図を作成する」(128ページ)とほぼ同じです。メニューから［ラスタ］⇒［解析］⇒［陰影］で図13-7を開き、次のように設定します。

- 入力ファイル：読み込んだデータを指定する
- Z係数（垂直方向の誇張）：「10」を入力する
- スケール（垂直方向の単位と水平の比率）：「1」を入力する
- 陰影図：出力するファイル名を指定する

○図13-7 DEM（地形モデル）の選択

［Z係数］は起伏を誇張するために「10」と入力します。［比率］はロビンソン図法の座標の単位はメートルで、標高値の単位もメートルなので「1」を入力します。

QGISに標高データと陰影図を読み込んで、標高データのレイヤを陰影図のレイヤの上に移動させて、レイヤプロパティの［シンボル体系］タブ(図13-8)を開きます。［カラーレンダリング］の［混合モード］を「ハードライト」に変更し［輝度］［彩度］［コントラスト］も調整します。［OK］

Part IV：テーマを決めてデータを可視化する

すると、標高毎に色分けされた陰影のある世界地図（**図13-9**）が作成できます。

○図13-8　混合モードの設定

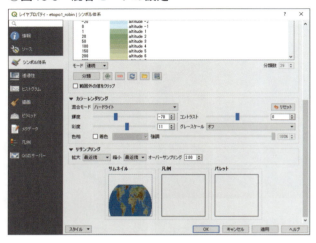

○図13-9　標高毎に色分けされた世界の陰影図

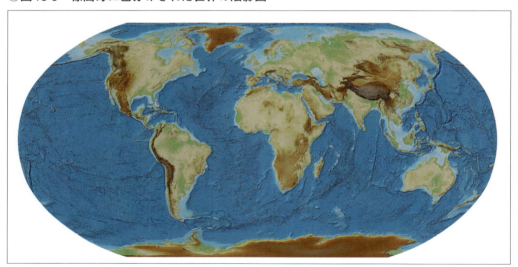

第14章
カッパ出没マップを作成する

公開されているデータを可視化するだけでもいろいろな図を作成できますが、それらのデータをGISで少し加工するだけで、ひと味違ったデータを作成できます。本章では、河川、植生、標高のデータをGISで加工して組み合わせることで「カッパ出没マップ」を作成してみます。さらに、小学校の位置データと組み合わせて「カッパ遭遇危険度マップ」も作成します。

> 本章ではQGISのプロセッシングツールから「SAGA」と「GRASS GIS」を呼び出して利用するので、OSGeo4Wからインストールしている場合は、あらかじめ「SAGA」および「GRASS GIS」をインストールしておいてください。
>
> また、QGISのプロセッシングツールは、執筆時点のバージョン（3.2）では日本語のファイル名やフォルダ名に完全には対応していないので、本章ではファイル名やフォルダ名に日本語を含まないようにしてください。

14.1 河川データから河川からの距離図を作成する

国土数値情報の河川データを加工して「河川からの距離図」を作成してみましょう。

14.1.1 データをダウンロードする

国土数値情報のWebサイト（図14-1）から［データ形式］が「JPGIS2.1」の「河川」をクリックすると、図14-2のようにデータの詳細を確認できます。特に［座標系］を確認しておきましょう。「JGD2000/(B,L)」は世界測地系の緯度経度のデータを意味します（B,Lというのは、ドイツ語でBreite、Längeの頭文字で緯度、経度の意味です）。

図14-2の中段にある図14-3でダウンロードしたい地域（ここでは岩手県）をチェックして、［次へ］ボタンを押してください（アンケート画面で回答した後にファイルをダウンロードします）。

ZIPファイルを解凍すると2種類のシェープファイルとXMLファイルがありますが、「W05-07_03-g_Stream」という名前のシェープファイルが使用する河川のデータです（数字の部分はダウンロードした地域によって異なります）。

国土数値情報を利用する際は出典の明示が必要です。その他の詳細については、利用規約に従ってください。

Part IV：テーマを決めてデータを可視化する

◯図 14-1　国土数値情報の Web サイト　(🔗 http://nlftp.mlit.go.jp/ksj/)

◯図 14-2　国土数値情報 河川データの詳細

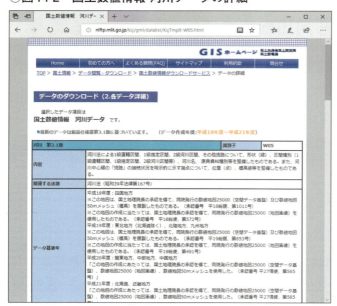

○図14-3　国土数値情報 ダウンロードする地域の選択

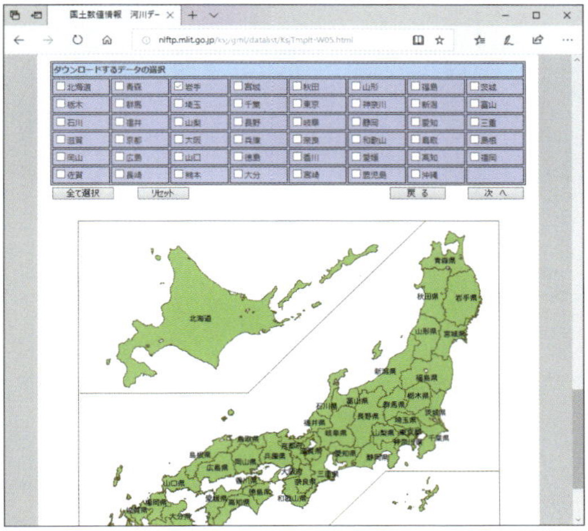

○図14-4　河川データの読み込み

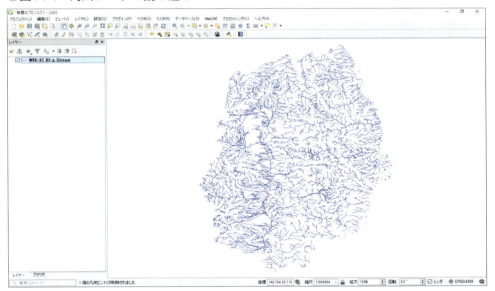

14.1.2　投影法を変換する

　ダウンロードしたファイルは世界測地系の緯度経度で作成されているデータなので、距離を正しく扱うためにメートル単位の投影座標系に変換します。

　QGISに河川のシェープファイルを読み込みます（**図14-4**）。読み込む際に空間参照システム選択ダイアログが表示されるか、「CRSが設定されていません」とメッセージが出ますが、ダウンロードしたファイルの中に投影法などの情報を格納したprjファイル（もしくは

○図14-5　空間参照システム選択

○図14-6　ベクタレイヤに名前をつけて保存する

qrjファイル）がないので、レイヤのCRS（空間参照系）を自動で判別できないためです。

　そこで、レイヤのCRSを定義します。「CRSが設定されていません」とメッセージが出る場合は、河川レイヤを右クリック ⇒ ［CRSの設定］ ⇒ ［Set Layer CRS］を選択して図14-5を表示します。［フィルター］に「jgd2000」と入力すると、世界測地系の投影法がリストアップされるので、地理座標系（緯度経度のこと）の「EPSG:4612」を選択して［OK］します。これで河川レイヤの投影法が定義できました。

　シェープファイルの投影法が正しく定義できたので、次に投影法を変換したファイルを作成します。QGISに読み込んだ河川レイヤを右クリック ⇒ ［エクスポート］ ⇒ ［Save Features As］を選択して図14-6を表示し、［CRS］のCRSの選択ボタン（地球のマーク）を押して、先ほどと同じように［フィルター］に「jgd2000」と入力し、リストアップされた中から「JGD2000/UTM zone 54N（EPSG:3100）」を選択します。

　ここでは投影座標系として「UTM」を選択し、岩手県のデータを使用したのでゾーン番号は「54」を選択しました。UTMのゾーン番号は地域によって異なるのでダウンロードしたデータの場所に従って変更してください。［形式］は「ESRI Shapefile」を選択し、出力するファイル名を指定します。［エンコーディング］は「Shift_JIS」を選択して［OK］します。これで投影法がUTMに変換された河川データが作成できました。

14.1.3　ラスタデータに変換する

　河川からの距離を計算するために河川のデータ形式をベクタからラスタに変換します。
　UTMに変換された河川データを右クリック ⇒ ［CRSの設定］⇒ ［レイヤのCRSをプロジェクトのCRSに設定］を選択しプロジェクトのCRSをUTMに変更しておきます。メニューから［ラスタ］ ⇒ ［変換］ ⇒ ［ラスタ化（ベクタのラスタ化）］を選択して図14-7を表示します。
　［A fixed value to burn］に「1」を入力ます。［出力ラスターサイズの単位］を「Georeferenced

units」に変更し、［幅/水平方向の解像度］と［高さ/鉛直方向の解像度］に「10」を入力します（1セルが10m×10mとなるようにラスタを作成するという意味です）。さらに、［出力領域］は［…］⇒「レイヤ/キャンパス領域を使用する」を選択して河川レイヤを指定します。［ラスタ化］⇒［…］⇒［Save to File］で出力するファイル名を指定して［バックグラウンドで実行］ボタンを押すと、GeoTIFF形式のラスタデータが作成されます（図14-8）。

◯図14-7　ラスタ化（ベクタのラスタ化）

◯図14-8　ラスタ化された河川データ

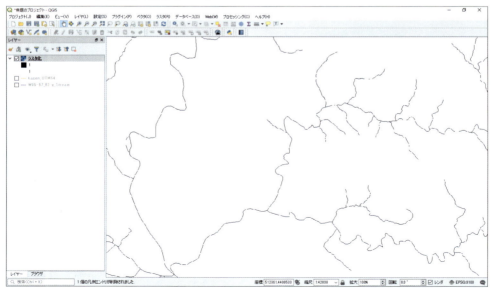

14.1.4 距離を計算する

変換した河川のラスタデータから距離を計算します。メニューから［ラスタ］⇒［解析］⇒［Proximity（Raster Distance）］を選択して**図14-9**を表示します。［距離単位］は［ジオリファレンス座標］を選択します。［近接地図］⇒［...］⇒［Save to File］で出力するファイルを指定し［バックグラウンドで実行］ボタンを押します。

計算に少し時間がかかりますが、しばらくすると河川からの距離の値が入ったラスタデー

〇図14-9　プロキシミティ（ラスタ距離）

〇図14-10　河川からの距離図

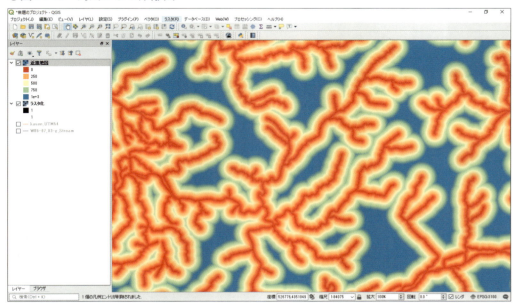

タが作成されます。そのままだとわかりづらいので、色を変更します。作成されたラスタレイヤを右クリック ⇒ ［Properties］⇒ レイヤプロパティの［シンボル体系］タブで［バンド表示］の［レンダリングタイプ］を「Singleband pseudocolor」に変更します。［カラーランプ］から「Spectral」を選択して、［最小］に「0」、［最大］に「1000」と入力して［OK］すると、河川から1000mまでを距離に応じて色分けした図14-10が作成されます。

14.2 植生データから畑地面積率図を作成する

自然環境保全基礎調査の植生データを加工して「畑地面積率図」を作成してみましょう。

14.2.1 データをダウンロードする

自然環境調査Web-GISのサイト（図14-11）から「自然環境保全基礎調査GIS（Shape）ダウンロード」に進みます。

ここでは、1/25,000スケールで整備されている第6-7回植生調査の結果を利用するので、ファイル名「vg67」の行の「都道府県別一覧へ」をクリックします。ダウンロードしたい地域（ここでは岩手県）をクリックし、アンケートに答えたのちファイルをダウンロードします（図14-12）。

今回は岩手県の内、2次メッシュ「594104」の地域を利用するので、該当するファイルを解凍しておきます。ファイル中のREADMEを読んで、データは世界測地系（日本測地系2000）の緯度経度で作成されていることを確認します。なお、2次メッシュの位置は自然環境調査Web-GISの地図で確認することができます。

○図14-11　自然環境調査Web-GISのサイト　（URL http://gis.biodic.go.jp/webgis/）

○図14-12　植生データのダウンロード

　植生データは2018年時点でDATA.GO.JPのデータカタログに登録されていて、ライセンスはCC-BYで公開されています。その他の詳細については利用規約を確認してください。

14.2.2 畑地を抽出する

　植生データから畑地を抽出します。まず、QGISに植生データを読み込みます。ただし、今回はドラッグ＆ドロップでファイルを読み込まず、メニューの［レイヤ］⇒［レイヤの追加］⇒［ベクタレイヤの追加］から読み込んでください。その際に［エンコーディング］は「Shift_JIS」を選択します[注1]。

　ファイルを読み込むと空間参照システム選択ダイアログが表示されるか、「CRSが設定されていません」とメッセージが出ますが、ダウンロードしたファイルの中に投影法などの情報を格納したprjファイル（もしくはqrjファイル）がないので、レイヤのCRS（空間参照系）を自動で判別できないためです。そこで、レイヤのCRSを定義します。「CRSが設定されていません」とメッセージが出る場合は、植生レイヤを右クリック ⇒［CRSの設定］⇒［Set Layer CRS］を選択して図14-13を表示します。［フィルター］に「jgd2000」と入力すると世界測地系の投影法がリストアップされるので、地理座標系（緯度経度のこと）の「EPSG:4612」を選択して［OK］します。これで植生レイヤの投影法が定義できました。

　次に、畑地を抽出するために植生レイヤを右クリック ⇒［属性テーブルを開く］を選択して図14-14を開きます。属性テーブルの「HANREI_N」の列を見ると植生名が入っているのがわかります。図14-14の一覧から「畑雑草群落」だけを選択します。属性テーブルの

注1　ドラッグ＆ドロップでファイルを読み込むと属性テーブルのエンコードが判別できず日本語の属性テーブルが文字化けする場合があります。

○図14-13　レイヤCRSの設定　　　○図14-14　植生データの属性テーブル

上にある［式を使った地物選択］ボタン（　）を押して図14-15を開きます。

　関数の一覧から［フィールドと値］⇒［HANREI_N］を選択して、［すべてのユニーク値］ボタンを押すと、HANREI_Nのなかの植生名の一覧が表示されます。この状態で、関数リストの「HANREI_N」をダブルクリックすると［式］欄に「"HANREI_N"」と入力されます。そのまま［演算子］の［=］ボタンを押して、さらに植生名の一覧から「畑雑草群落」をダブルクリックします。これで、［式］の欄が「"HANREI_N" = "畑雑草群落"」になります（属性テーブルの「HANREI_N」の列が「畑雑草群落」と同じという意味です）。［地物の選択］ボタンを押すと、地図上の畑雑草群落が選択されます。

　最後に、選択された畑地雑草群落をシェープファイルに書き出します。畑雑草群落が選択された状態で、植生レイヤを右クリック ⇒ ［エクスポート］⇒ ［Save Features As］でダイアログ（図14-16）を表示します。図14-16では［選択地物のみを保存する］にチェックを入れ、［形式］は「ESRI Shapefile」を選択し［エンコーディング］は「Shift_JIS」を選択します。

　また、面積を正しく扱うために投影法も同時に変換するので、［CRS］の［CRSの選択］ボタン（地球のマーク）を押して、［フィルター］に「jgd2000」と入力してリストアップされた中から「JGD2000/UTM zone 54N（EPSG:3100）」を選択します。ここでは投影座標系として「UTM」を選択し、岩手県のデータを使用したのでゾーン番号は「54」を選択しました（UTMのゾーン番号は地域によって異なります）。［ファイル名］で出力するファイル名を指定して［OK］します。これで投影法がUTMに変換された畑地のデータが作成できました。

Part Ⅳ：テーマを決めてデータを可視化する

◯図14-15　式を使った地物選択

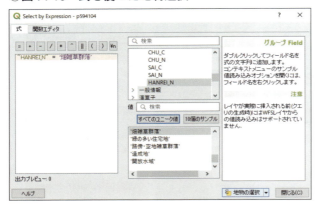

◯図14-16　ベクタレイヤを名前をつけて保存する

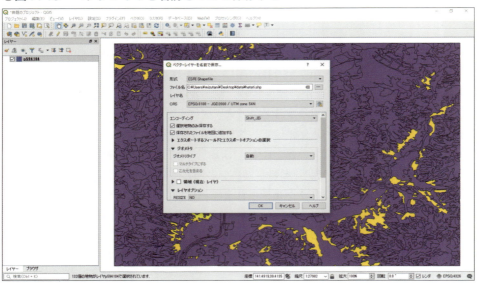

14.2.3　ラスタデータに変換する

　畑地の面積率を計算するためにデータ形式をベクタからラスタに変換します。
　QGISから新規プロジェクトを開き、UTMに変換した畑地のシェープファイルを読み込んで、メニューの［ラスタ］⇒［変換］⇒［ラスタ化（ベクタのラスタ化）］で図14-17を開きます。
　［A fixed value to burn］に「100」を入力します。［出力ラスターサイズの単位］を「Georeferenced units」に変更し、［幅/水平方向の解像度］と［高さ/鉛直方向の解像度］に「10」を入力します。［出力領域］は［…］⇒「レイヤ/キャンバス領域を使用する」を選

択して畑地レイヤを指定します。さらに、[出力バンドに指定されたnodata値を割り当てる]がデフォルトでは「0」になっているので「×」ボタンを押して未設定に変更します。[ラスタ化]⇒［…］⇒［Save to File]で出力するファイル名を指定して[バックグラウンドで実行]ボタンを押すと、畑地の部分が「100」、畑地以外が「0」の値を持つ解像度が10mのGeoTIFF形式のラスタデータが作成されます。

14.2.4 畑地面積率を計算する

変換した畑地のラスタデータから1km圏内の畑地面積率を計算します。面積率はプロセッシングツールからSAGAのSimple filterを実行して計算します。Simple filterは中心となるセルから指定範

◯図14-17 ラスタ化（ベクタのラスタ化）の設定

囲内のラスタ値の平均などの計算（**図14-18**）を、すべてのセルに対して実行するツールです。

QGISに畑地のラスタデータを読み込み、メニューから[プロセッシング]⇒[ツールボックス]を選択して「プロセッシングツールボックス」（**図14-19**）を開き、ツールボックスから[SAGA]⇒[Raster filter]⇒[Simple filter]を選択して**図14-20**を表示します。[Search Mode]は「Circle」を選択し、[Filter]は「Smooth」を選択します。

Smoothは範囲内の平均値を計算するフィルターです。[radius]（計算範囲となるセル数）に「50」を入力します。ラスタの1セルは10mなので、直径1km圏内を計算したいなら100セルになるので、半径であれば50になります。[Filtered Grid]は空白のままで一時ファイルに保存されるようにします。[実行]すると1km圏内のラスタ値の平均が計算されます。

出力された値は、1km圏内のラスタ値の平均になりますが、ラスタ値は畑地が100、それ以外が0だったので、結果として、1km圏内すべてが畑地であれば100、半分であれば50、畑地がなければ0となる畑地面積率が計算されました。これまでと同様にスタイルから適当に色を付ければ「畑地面積率図」（**図14-21**）の完成です。

最後に、1km圏畑地レイヤは一時ファイルとして作成したので、GeoTiff形式のファイルに保存しておきます。レイヤを右クリック⇒[エクスポート]⇒[Save As]を選択し、[ラスタレイヤの保存]ウインドウで[ファイル名]を指定し、[形式]が「GeoTIFF」になっているのを確認して[OK]します。

◯図14-18　Simple filterの処理

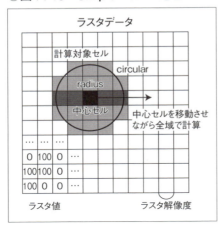

◯図14-19　プロセッシングツールボックスの表示

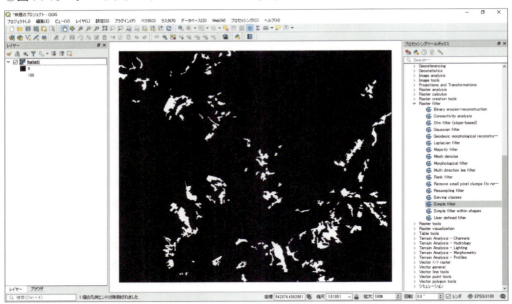

○図14-20　Simple filterの設定

○図14-21　畑地面積率図

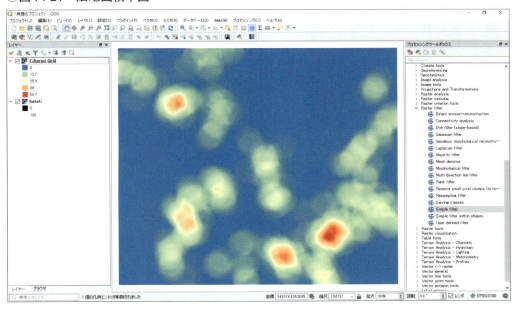

14.3 標高データから日射量図を作成する

　基盤地図情報の数値表標高モデルのデータを加工して「日射量図」を作成してみましょう。数値標高モデルのデータからGeoTIFFに変換するまでは「12.2：グリッドデータに加工する」（124ページ）を参照してください。

14.3.1 投影法を変換する

　「12.2：グリッドデータに加工する」（124ページ）で作成したGeoTIFF形式の数値標高モ

○図14-22　ワープ（再投影）

○図14-23　傾斜

デルのデータは緯度経度で作成しましたが、日射量を計算するためにメートル単位の投影座標系に変換します。

　QGISにGeoTIFF形式に変換した数値標高モデルのデータを読み込みます。メニューの［ラスタ］⇒［プロジェクション］⇒［ワープ（再投影）］を選択して図14-22を開きます。［変換先CRS］で「JGD2000/UTM zone54N（EPSG:3100）」を選択します。ここでは投影座標系として「UTM」を選択し、岩手県のデータを使用したのでゾーン番号は「54」を選択しました（UTMのゾーン番号は地域によって異なります）。［使用するリサンプリング方法］は「バイリニア」を選択し、［再投影された］に出力するファイル名を指定し［バックグラウンドで実行］すると投影法が変換されたGeoTIFFが作成されます。

14.3.2　傾斜、傾斜方位を計算する

　日射量を計算するためには、標高、傾斜、傾斜方位のデータが必要です。そのため標高データから傾斜と傾斜方位のデータを作成します。

▶傾斜のデータ作成

　QGISから新規プロジェクトを開き、UTMに変換したGeoTIFF形式の標高データを読み込みます。メニューの［ラスタ］⇒［解析］⇒［傾斜］を選択して図14-23を開きます。［傾斜］で出力するファイルを指定して［バックグラウンドで実行］すると傾斜のデータが作成できます（図14-24）。

▶傾斜方位のデータ作成

　傾斜方位も同様にメニューの［ラスタ］⇒［解析］⇒［傾斜方位］を選択して図14-25を開きます。［モード］を「傾斜方位」にし、「方位角の代わりに三角関数の角度を返す」と「フラットでは-9999ではなく0を返します」の両方にチェックを入れます。このオプションによって傾斜方位を東0°、北90°、西180°、南270°とし、傾斜のない平坦地が0°となります。［傾斜方位］で出力するファイル名を指定して［バックグラウンドで実行］すると、傾斜方位のデータが作成されます。

○図14-24　傾斜図

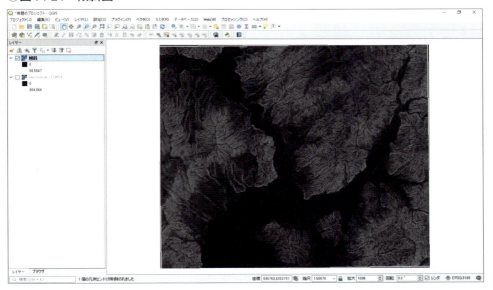

○図14-25　傾斜方位

○図14-26　スタイルの設定

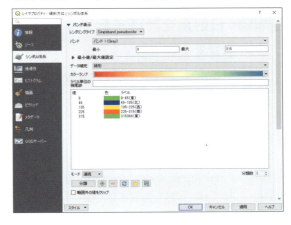

　さらに傾斜方位の値にしたがって色を付けてみましょう。傾斜方位レイヤを右クリック⇒［Properties］⇒レイヤプロパティ［シンボル体系］タブ（図14-26）を開きます。

　［レンダリングタイプ］を「Singleband pseudocolor」に変更します。［＋］ボタンを押して色と値、ラベルを追加します。値は「0〜45°」と「315〜360°」を東として緑色に、「45〜135°」を北として青色に、「135〜225°」を西として黄色に、「225〜315°」を南として赤色に設定しました。［OK］すると着色された傾斜方位図（図14-27）が表示されます。

○図14-27　傾斜方位図

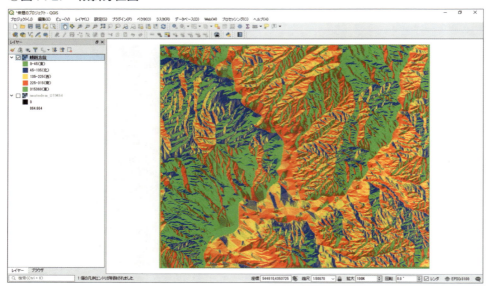

14.3.3　日射量を計算する

　用意した標高、傾斜、傾斜方位のデータを使用して日射量を計算します。日射量はプロセッシングツールからGRASS GISのr.sunで計算します。

　QGISに標高、傾斜、傾斜方位のラスタデータを読み込みます。図14-29のようにメニューから［プロセッシング］⇒［ツールボックス］を選択して「プロセッシングツールボックス」を開き、［GRASS］⇒［Raster(r.*)］⇒［r.sun］を選択して図14-29を開きます。

　［Elevation layer］に作成した標高データを指定し、続けて［Aspect layer］に傾斜方位、［Name of the input slope raster map］に傾斜データを指定します。［No. of day of the year］には「172」を入力します（1月1日から数えて172日目（夏至のあたり）の日射量を計算するという意味）。［Global(total) irradiance/irradiation layer(Wh.m-2.day-1)］に出力するファイル名を指定します。global irradianceとは、直達日射、散乱日射、反射日射を合計した総日射量を計算したものです。それ以外の項目はここでは必要ないので、各項目の［...］⇒「出力をスキップする」を選択しておきます。

　［実行］すると計算が始まり、172日目の総日射量のファイルが作成されます。ちなみに総日射量の値の単位は「Wh・㎡・1day」となります。そのままだとわかりづらいので色を変更します。作成されたラスタレイヤを右クリック⇒［Properties］⇒ レイヤプロパティ［シンボル体系］タブ（図14-30）を開きます。［レンダリングタイプ］を「Singleband pseudocolor」に変更し、［最小値／最大値設定］の［累積数カット］にチェックを入れて［カラーランプ］から「Spectral」を選択します。再度［カラーランプ］から［Invert Color

○図14-28　r.sunの選択

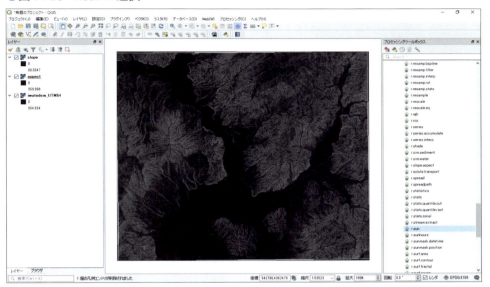

○図14-29　r.sunの設定

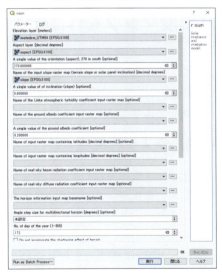

○図14-30　スタイルの設定

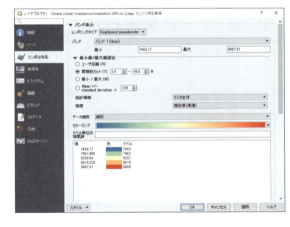

Ramp］を選択してカラーランプの順番を反転させます。［OK］すると日射量に応じ色分けされた地図が表示されます（**図14-31**）。

Part IV：テーマを決めてデータを可視化する

◯図14-31　日射量

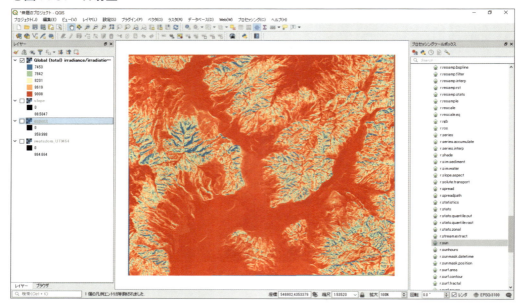

14.4 データを組み合わせてカッパ出没マップを作成する

　それでは、ここまで作成してきたデータを組み合わせて「カッパ出没マップ」を作成してみましょう。よく知られているとおり、カッパは河川に生息し、キュウリが好物で、頭の皿の乾燥に弱いという妖怪です。これを踏まえ「河川からの距離」「畑地面積率」「日射量」のデータを組み合わせて、カッパが出没しやすい地域を可視化してみます。

◯図14-32　ラスタ計算機

14.4.1 ラスタ計算機

　ラスタデータを組み合わせるには「ラスタ計算機」を使用します。ラスタ計算機は、ラスタデータの各セルの値を条件によって変更したり、複数のラスタデータの各セルとセルの値を足したり引いたりして、新たなラスタデータを作成するツールです。

　QGISから新規プロジェクトを開き、これまで作成した「河川からの距離」「日射量」「畑地面積率」のデータを読み込みます。QGISのメニューから［ラスタ］⇒［ラスタ計算機］を選択して図14-32

○リスト14-1　演算式

```
((("kasen_distance@1" < 100) * 100 + (100 <= "kasen_distance@1") * ("kasen_distance@1" < 500) * 50 + ("kasen_distance@1" >= 500) * 10) * "hatati1km@1" * (100- "irradiation@1" / 100)) ^ 0.33333
```

を開きます。

　［ラスタバンド］には現在読み込まれているラスタレイヤの一覧が表示されます。計算に使用したいバンドをダブルクリックすると下部の［ラスタ演算式］に追加されるので、これを使って演算式（**リスト14-1**）を作成します。

▶ 演算子の説明

　カッパの出没マップを作成する演算式（**リスト14-1**）について説明します。
　ラスタレイヤの名前は、河川からの距離が「kasen_distance」、畑地面積率が「hatati1km」、日射量が「irradiation」になっています。

```
("kasen_distance@1" < 100)
```

　まず、最初のカッコの部分は「kasen_distance」のラスタ値が「100」より小さければ「1」、そうでなければ「0」を返す条件式です。また、「kasen_distance」の後ろに付いている「@1」はラスタのバンド番号で、例えばRGB画像などはR、G、Bの3バンドあるのでバンド番号がそれぞれ「@1」「@2」「@3」となります。今回のラスタデータは河川からの距離だけが入った1バンドのラスタデータなので「@1」のみとなります。

```
(100 <= "kasen_distance@1") * ("kasen_distance@1" < 500) * 50
```

　次の部分は「kasen_distance」が「100」以上であれば「1」を返す部分と、「kasen_distance」が「500」より小さければ「1」を返す部分をかけています。つまり、「kasen_distance」が「100」以上かつ「500」より小さければ「1」を返し、そうでなければ「0」を返すことになります。また最後に、それに対して「50」をかけているので、河川からの距離が100mから500mの場所はその値を「50」にするという意味になります。

```
((("kasen_distance@1" < 100) * 100 + (100 <= "kasen_distance@1") * ("kasen_distance@1" < 500) * 50 + ("kasen_distance@1" >= 500) * 10))
```

　ここまでの説明から「kasen_distance」を含む部分は、**表14-1**のようにラスタ値を変更する意味になります。
　その後に続く「hatati1km@1」は、なにも変更せず「0～100」の畑地面積率の値をそのまま使います。

○表14-1　河川までの距離とラスタ値の関係

河川までの距離	ラスタの値
0〜100m	100
100〜500m	50
500m〜	10

```
(100 - "irradiation@1" / 100)
```

irradiationの部分は、切片が100で傾きが「-1/100」の直線式です。つまり、日射量が「0（Wh・㎡・1day）」だとラスタ値が「100」で、「10000（Wh・㎡・1day）」だと「0」になるように変換されます。

```
((("kasen_distance@1" < 100) * 100 + (100 <= "kasen_distance@1") * ("kasen_distance@1" < 500) *
50 + ("kasen_distance@1" >= 500) * 10) * "hatati1km@1" * (100- "irradiation@1" / 100)) ^ 0.33333
```

最後に、「kasen_distance」「hatati1km」「irradiation」の部分をかけあわせて、それを0.33333乗しています。これは各ラスタレイヤを「0〜100」になるように変換したうえで、その相乗平均をとることを意味します。つまり、ラスタレイヤのうち1つでも「0」だと全体が「0」になり、すべてのレイヤが「100」であれば「100」になります。

　総合すると、河川までの距離が近く、畑地が多く、日射量が少ない場所が、カッパが出没しやすい場所（ラスタ値が「100」に近い）となるように、反対に河川までの距離が遠く、畑地が少なく、日射量が多い場所はカッパが出没しにくい場所（ラスタ値が「0」に近い）となるようにラスタ値を変換する式になっています。

　最後に、出力するラスタレイヤの大きさを決めるために［ラスタバンド］の「hatati1km@1」のレイヤを選択し、［選択レイヤの領域］ボタンを押します。これで出力されるラスタレイヤの大きさは畑地面積率のラスタと同じ大きさに設定され、［OK］するとラスタが作成されます。

14.4.2 スタイルを設定する

　作成されたラスタレイヤを右クリック⇒［Properties］⇒レイヤプロパティ［シンボル体系］タブを開きます。［バンド表示］の［レンダリングタイプ］を「Singleband pseudocolor」に変更し、［カラーランプ］から「Spectral」を選択し、再度［カラーランプ］から［Invert Color Ramp］を選択します。［OK］するとカッパが出没しやすい場所が赤く着色された「カッパ出没マップ」が作成されます（図14-33）。

○図14-33　カッパ出没マップ

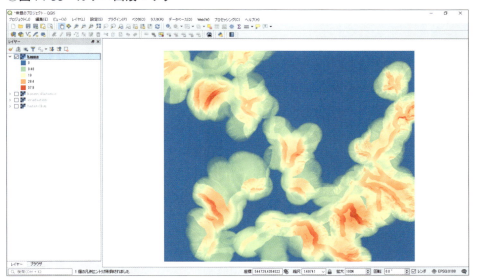

14.5 カッパ遭遇危険度マップを作成する

　国土数値情報の小学校データと作成した「カッパ出没マップ」を組み合わせて、小学校周辺の「カッパ遭遇危険度マップ」を作成してみましょう。

　手順としては、小学校から半径300m以内のエリアを作成し、その中でのカッパの出没しやすさを集計し、エリア間の相対的な危険度を比較できるように棒グラフで可視化してみます。

14.5.1　データをダウンロードする

　国土数値情報の小学校データのダウンロード方法は、14.1.1（137ページ）の河川データの場合と同じです。国土数値情報のWebサイト（URL http://nlftp.mlit.go.jp/ksj/）から「JPGIS2.1」形式の「小学校区」からダウンロードします。ZIPファイルを解凍するとシェープファイルとXMLファイルが入っていますが、A27P-16_03シェープファイルが使用する小学校のポイントデータになります（数字の部分はダウンロードした地域によって異なります）。

14.5.2　バッファを作成する

　QGISに小学校のデータを読み込み、レイヤのCRS（空間参照系）を定義し、「カッパ出没バップ」と同じ投影法に投影変換をしておきます。メニューから［ベクタ］⇒［空間演算ツール］⇒［バッファ］を選択して図14-34を開きます。

　［距離］に「300」を入力し、［バッファ］で出力するファイルを指定して［バックグラウンドで実行］すると、小学校のポイントから300mのバッファエリアが作成されます（図14-35）。

○図14-34　バッファ

14.5.3　バッファ内のラスタを集計する

　ベクタデータのポリゴン内に含まれるラスタデータの値を集計するためには、プロセッシングツールの「地域統計」を利用します。

　QGISに「カッパ出没マップ」のデータと、小学校のバッファデータを読み込みます。メニューから［プロセッシング］⇒［ツールボックス］を選択して「プロセッシングツールボックス」を開き、［ラスタ分析］⇒［地域統計］を選択して図14-36を開きます。［ラスラレイヤ］にカッパデータを指定し、［地域ベクタレイヤ］にバッファデータを指定します。［出力カラムの接頭辞］は、集計結果の列名に共通で入る名称なので「kp_」と入力しておきます。［実行］すると集計結果がバッファの属性テーブルに追加されます。

　バッファレイヤを右クリック⇒［属性テーブルを開く］で属性テーブル（図14-37）を確認します。「kp_count」、「kp_sum」、「kp_mean」が集計結果の列で、それぞれラスタのセル数、合計値、平均値が入っています。ただし、ラスタデータが存在しない部分は集計できないのでNULLとなっています。

○図14-35　小学校から300mのバッファ

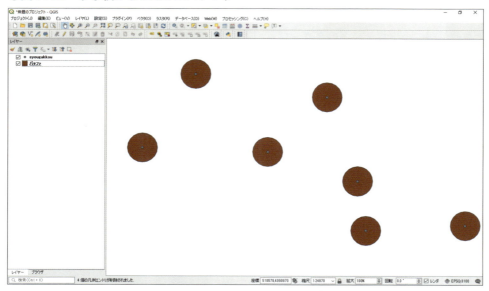

○図14-36　地域統計

○図14-37　属性テーブル

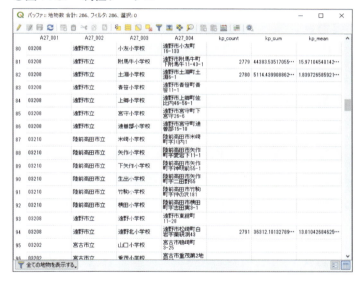

14.5.4 スタイルを整える

集計結果をもとにバッファレイヤにダイアグラム形式のスタイルを設定します。バッファレイヤを右クリック⇒［Properties］⇒レイヤプロパティの［ダイアグラム］タブ（図14-38）を選択します。

［ダイアグラムなし］を「ヒストグラム」に変更します。［属性］タブで「kp_sum」を選択し［＋］ボタンを押します。

○図14-38　ダイアグラムの設定

次に［大きさ］タブで［属性］を「kp_sum」に変更し、［最大値］で［検索］ボタンを押して値を取得します。［バーの長さ］に「10」を入力します。［OK］するとkp_sumの値に従った棒グラフが表示されます（**図14-39**）。仕上げとして、これまで使用したデータや陰影起伏図を重ね合わせスタイルを整えてみましょう。詳細は紙幅の都合により省略しますが、ぜひ挑戦してみてください。

　これで各小学校の周辺ではどれぐらいカッパに遭遇する危険性があるかがわかる「カッパ遭遇危険度マップ」（**図14-40**）が作成できました。

○図14-39　ダイアグラムの表示

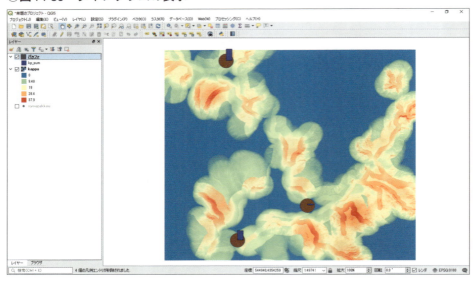

○図14-40　カッパ遭遇危険度マップ

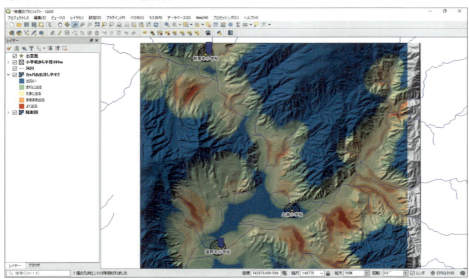

コラム GDAL（Geospatial Data Abstraction Library）

　QGISの変換ツールや解析ツールの多くは「GDAL」の「utility programs」と呼ばれるプログラムを利用しています。GDALとは、地理情報データを扱うためのオープンソースのプログラムライブラリで、それを利用して作られた地理情報データの変換や解析をするための便利なコマンドプログラム群がutility programsです。

　GDALのutility programsは数多くあって、機能やオプションも豊富なので、QGISの変換ツールにも説明されていないオプション機能があります。そのためGDALのWebサイトでutility programsの詳しい使い方やオプションなどを確認してみてください。

- GDALのWebサイト
  URL https://www.gdal.org/

コラム プロセッシングツール

　プロセッシングツールは、QGISと他のプログラムとを連携させるためのツールです。プロセッシングツールを利用すると「SAGA」や「GRASS GIS」などの別のソフトウェアの機能を呼び出したり、自分で作成したスクリプトを実行できるようになります（**表14-A**）。プロセッシングツールは非常に強力なツールなので、オープンデータを活用するためにもぜひ習得してみてください。

○表14-A　プロセッシングツールから呼び出せるソフトウェア一覧

ツール	URL
GRASS GIS	http://grass.osgeo.org/
Orfeo Toolbox	http://orfeo-toolbox.org/otb/
R	http://www.r-project.org/
SAGA	http://www.saga-gis.org/en/
TauDEM	http://hydrology.usu.edu/taudem/taudem5/
Tools for LiDAR data	http://rapidlasso.com/lastools/

※QGIS 3.2では「SAGA」および「GRASS GIS」のみ対応

コラム ますます重要になる統計モデル

今回はカッパが出没しやすい地域として、経験に基づき適当に計算式を決定しましたが、もう少し数学的に求める方法として統計モデルを利用する手法があります。

統計モデルは、観察された結果（カッパを確認した／しないなど）と、その原因と考えられる要因（川が近い、畑地が多い、日陰の場所など）から、原因と結果の関係性を統計的に数値化する手法です。このような解析は、QGISでもプロセッシングツールでRと連携することで可能になります。今後は、地理情報においてもGISの利用方法だけでなく、統計によるデータ解析といった部分も重要となっていくと思いますので、併せて学習するとよりいっそうオープンデータの活用の幅が広がることでしょう。

コラム オープンソースとしてのQGIS

QGISを使用していると、メニューやラベルなどの表記で少し日本語がおかしなところがあります。このようなソフトを使っても大丈夫かな？ と不安になるかもしれませんが、そんなときこそあなたがQGISに貢献するチャンスです。

QGISはオープンソースソフトウェアとして世界中の技術者によって開発されており、オリジナルの状態ではメニューやラベルの表記は英語になっています。それを日本の有志が翻訳作業をし、その結果がプログラムに日本語訳として反映されています。有志と言っても、各人、時間が取れない中での作業なので、なかなか完璧な状態では仕上げられません。なので、ぜひあなたも有志となってQGISがより良いソフトになるように一緒に貢献してみてはいかがでしょうか？

QGISはオープンソースだからこそ誰でも貢献でき、また発展し続けられるのだと思います。なんだかオープンデータの理念とも通ずるところがありますね。興味のある方は、まずはOSGeo財団日本支部が主催するFOSS4Gなどのイベントに参加してみることをお勧めします。

Part V
データを出力する

　これまでオープンデータを利用してオリジナルの地図を作成してきました。本Partでは、作成した地図を見やすくわかりやすく紙に出力する方法を説明します。併せて、地図を見せるために、QGIS以外の魅力的なツールも紹介していきます。QGISでできない部分を別のツールで補っていくことも、より良い地図を作っていくためには必要になってきます。

第15章：印刷する
第16章：QGIS以外の魅力的なツール

Part V：データを出力する

第15章 印刷する

QGISにもOfficeソフトウェアと同様に印刷機能はありますが、地図の配置や重ね合わせなどコツが必要です。そこで本章では、地図を見やすくわかりやすく印刷する方法を説明します。

15.1 レイアウト

マップキャンバスに可視化した地図を、紙の地図や画像データとして保存するには「レイアウト」を使用します。レイアウト上に、マップキャンバスに可視化された「地図」「タイトル」「スケール」「画像」などを配置していき、出力のイメージを作成します。

新規にレイアウトを作成するには、メニューから［プロジェクト］⇒［New Print Layout］を選択します。新しく作成するレイアウトにはユニークなタイトルが必要なので、図15-1にタイトルを入力して［OK］してください（タイトルを入力しない場合、「レイアウト1」「レイアウト2」のように自動でタイトルが付けられます）。

新しいレイアウト（図15-2）が立ち上がったら、まずは［アイテムプロパティ］タブからページサイズ（デフォルトは「A4横」）を設定します。［アイテムプロパティ］に［ページサイズ］の項目が表示されていない場合は、画面中央の空のページ上で右クリック⇒［Page Properties］を選択してください。

マップキャンバスに可視化した地図を、どのように出力するかを考えて設定します。例えば、1枚の紙にすべての地図を入れたいのであれば、地図の含む範囲と縮尺から必要な紙のサイズが決まってきます。逆に、地図の含む範囲と紙のサイズから縮尺が決まってくるかもしれません。紙、画像を問わず、絵としての最終成果物を想定している場合は、本来は可視化の前にどの程度の縮尺で出力するかを想定しておいたほうがよいでしょう。

○図15-1　レイアウトタイトル

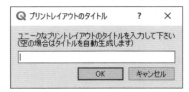

○図15-2　空のレイアウト

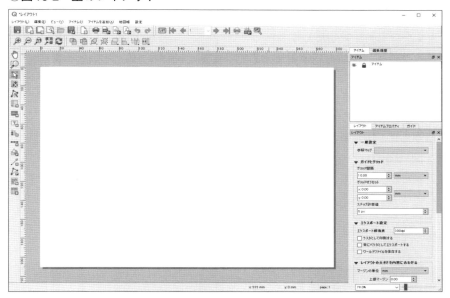

15.2　レイアウトマネージャ

すでに作成済みのレイアウトがある場合は、メニューから［プロジェクト］⇒［Layout Manager］で作成済みのタイトルから選択してください。

作成済みのレイアウトの管理は、メニューから［プロジェクト］⇒［Layout Manager］で図15-3を開きます。レイアウトマネージャでは不要になったレイアウトの削除やレイアウトの複

○図15-3　レイアウトマネージャ

製、レイアウトのタイトル変更などが行えます。またレイアウトに配置したアイテムの設定はテンプレートとして取っておけるので、テンプレートを利用したレイアウトを新規に作成できます。

作成されたレイアウトはQGISのプロジェクト中に保存されます。プロジェクトを保存したタイミングで、レイアウトに設定した内容が保存されることに注意してください。新規にレイアウトを作成し、各アイテムを配置して出力のイメージが出来上がっても、プロジェクトを保存しないと作業内容が失われます。

15.3　地図を配置する

新規のレイアウトを立ち上げて、出力イメージを作成していきましょう。

Part V：データを出力する

　まずは地図を配置します。［アイテムを追加］⇒［地図を追加］を選択し、用紙上でマウスをドラッグして、大きさを調整しながら地図を配置します（**図15-4**）。大きさは後で変更可能なので、大まかに配置しても大丈夫です。キャンバス上で可視化された地図が貼り付きます。一度配置した地図の用紙上の位置を変更するには、［編集］⇒［Select/Move Item］を選択後に、対象の地図をクリックします。ドラッグ操作で位置を移動でき、各アイテム隅にマウスカーソルを合わせると拡大縮小ができます。この操作は地図だけではなく、この後配置していく各アイテムに対しても同様です。

　細かい位置調整を行う場合は、［アイテムプロパティ］タブの［位置とサイズ］（**図15-5**）を使用します。**図15-5**では、余白として紙左上から15mm、地図を267mm×180mmの大きさで配置する設定にしています。配置した地図の周りに枠を描画するには、［アイテムプロパティ］タグから［フレーム］（**図15-6**）を設定します。配置したアイテム内に描画され

○図15-4　地図の配置

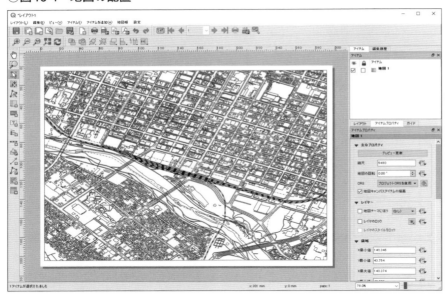

○図15-5　位置とサイズ

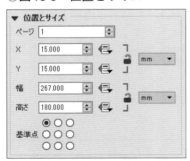

○図15-6　フレーム

ている地図の位置、縮尺を調整する場合は、[編集]⇒[コンテンツを移動]を選択して、地図アイテムをクリックします。マウスをドラッグして表示位置を調整でき、マウスをスクロールして縮尺も調整できます。

正確に、縮尺、範囲を指定する場合は、[アイテムプロパティ]（図15-7）の[メインプロパティ]と[領域]に数値を指定します。

○図15-7　アイテムプロパティ

15.4 全体図を配置する

地図を数枚の紙に分けて出力する場合、各出力範囲が全体でどこにあたるかわかったほうが地図として使用しやすいので、全体図を配置しましょう。

15.4.1 表示縮尺範囲の設定

全体図で使用するため、地図を広域で表示した場合は「処理が重たい」「表現が潰れてしまう」といったことになりがちです。広域図の際に不要な表現については表示をしないように描画設定を変更しておきましょう。

QGIS本体に戻り、対象のレイヤプロパティ⇒[レンダリング]タブで「縮尺に応じた表示設定」を選択します（図15-8）。[最小値][最大値]を設定しておけば、指定の縮尺範囲以外では表示されなくなります。

○図15-8　縮尺に応じた表示設定

15.4.2 全体図と地図フレームの表示

レイアウトに戻って［アイテムを追加］⇒［地図を追加］を選択し、地図を用紙上に追加します。ここでは、右下隅に小さく配置して、［アイテムプロパティ］の［縮尺］を少し小さめ（例では1/5万程度）に設定します。また、重なっている地図との境界を明確にするために［フレーム］は表示するようにします。サイズ、位置についてはお好みで調整してください。

〇図15-9　全体図

続いて小さく表示している全体図に、もう一方の地図の範囲を表示するように設定します。［アイテムプロパティ］の［全体図］（図15-9）を開いてください。［＋］をクリックして全体図を追加します。次に全体図内に表示する対象とする地図アイテムを選択します。配置した各アイテムにはユニークな名前が付けられています。［地図フレーム］から範囲を表示する対象の地図を選択します（図15-9では地図アイテムが1つだけ出てきます）。

［地図フレーム］で指定されている描画設定で枠が表示されます（図15-10）。

〇図15-10　地図フレーム表示

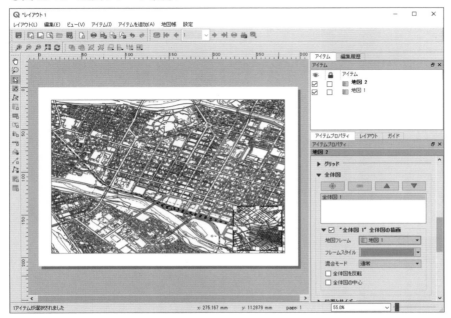

15.5 タイトルを配置する

　地図タイトルは［アイテムを追加］⇒［ラベルを追加］で追加します（**図15-11**）。ラベルの文字は［アイテムプロパティ］で入力できます。フォントや文字色なども変更できます。

15.6 スケールバーを配置する

　スケールバーは［アイテムを追加］⇒［スケールバーを追加］で追加できます（**図15-12**）。［線分列］を変更して、スケールバー内のバーの数、各バーが表す距離を調整します。なお、用紙上に地図アイテムが2つ存在しているため、［主なプロパティ］⇒［地図］に、対象としている地図が選択されていることを確認してください。全体図のほうが選択されている場合があります。

15.7 方位記号を配置する

　方位記号は［アイテムを追加］⇒［画像を追加］で配置します。実際は方位記号の画像を貼り付けるだけです。QGISにはインストールフォルダ「svg¥arrows」に「NorthArrow_xx.svg」があるので、［アイテムプロパティ］の［主プロパティ］⇒［画像のソース］で画像のパスを指定します（**図15-13**）。

○図15-11　タイトル表示

Part V：データを出力する

○図15-12　スケールバー

○図15-13　方位記号の配置

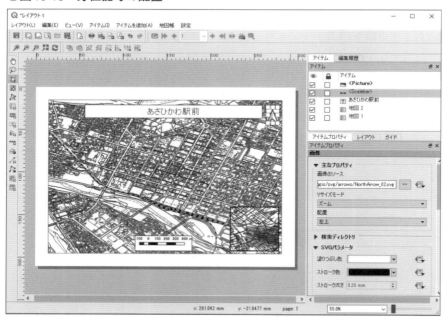

15.8 凡例を配置する

印刷図には、どの属性の図形がどの表現で描画されているかの関係を示す凡例を配置すべきでしょう。凡例は［アイテムを追加］⇒［凡例を追加］から追加できます（**図15-14**）。用紙上に配置後、［アイテムプロパティ］から［タイトル］や［凡例アイテム］で調整します。

15.9 その他

ここまでで出力図としての体裁は整っていますが、使用したデータのライセンスを確認して、出所やライセンス表示などを、欄外に加えておきましょう。本書では基盤地図情報を利用しているので、［アイテムを追加］⇒［ラベルの追加］から、**図15-15**のように出所を明示します（作成した地図の使用方法によっては測量成果の複製／使用の承認が必要になります）。

○図15-14　凡例

○図15-15　ライセンスの明記

○図15-16　エクスポート設定

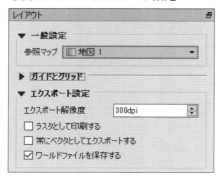

15.10　出力する

　出力方法は、紙への［印刷］以外に［Export as Image］［Export as SVG］［Export as PDF］が選択できます。

　画像としてエクスポートする場合は、［レイアウト］タブで［エクスポート設定］⇒「ワールドファイルを保存する」を選択しておくとよいでしょう。例えば、TIFF形式で出力した場合、拡張子が「.tfw」という座標の定義が書かれたファイルが一緒に出力されます。出力結果は座標を持った画像になるので、QGISで開いて位置を確認できます。注意点として、［参照マップ］が正しく指定されているか確認しておいてください。全体図に使用した地図アイテムが指定されていると、ワールドファイルを書き出す際に、全体図の座標が書き出されてしまいます（図15-16）。

○図15-17　地図帳による制御①

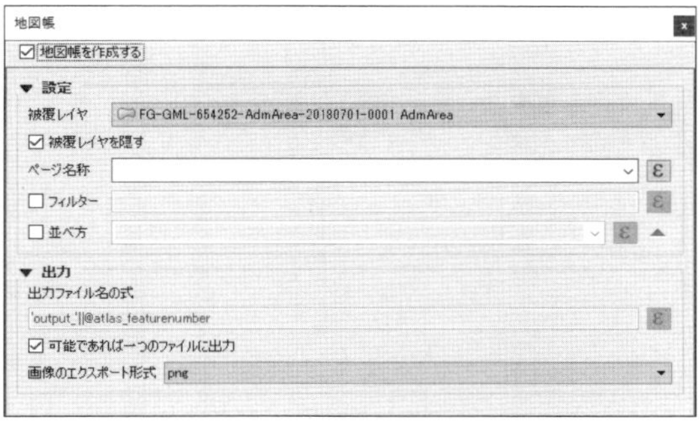

○図15-18　地図帳による制御②

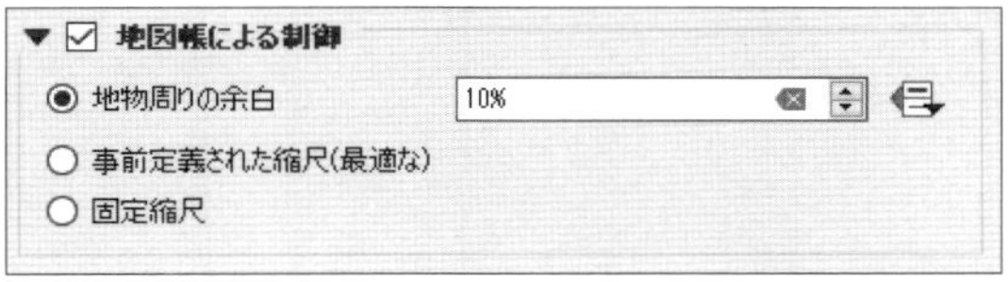

15.11 地図帳機能を利用する

　最後に便利な機能を紹介します。可視化したデータが1枚の紙に収まらず、枠のデータを作成しておき複数の紙に分割して出力したい、もしくは行政区画のデータがあり区画毎に繰り返し出力したい、といった場合には「地図帳」機能が用意されています。例として行政区画ポリゴンのレイヤを利用して、それぞれを包括するような範囲で繰り返して出力します。

　まず、メニューから［地図帳の作成］⇒［地図帳の設定］を選択します。［地図帳］タブが増えるので図15-17を開き、［地図帳を作成する］をチェックします。［被覆レイヤ］として行政区画レイヤを選択し、［被覆レイヤを隠す］をチェックします。行政区画レイヤ内のポリゴンを基準として地図の範囲を設定していきますが、行政区画ポリゴン自体は描画しない設定になります。

　次に、レイアウトで用紙上に配置した地図アイテムを選択し、［アイテムプロパティ］の［地図帳による制御］をチェックします（図15-18）。ただし、全体図として配置している地図にはチェックを入れないでください（出力される地図の範囲が変更されても全体図として使えるように、行政区画レイヤ内のポリゴンをすべて含んで表示できる縮尺に見直しておく必要はあります）。

　これで設定は終わりです。［地図帳］⇒［地図帳のプレビュー］を選択しましょう。同じく［地図帳］内の［最初の地物］［前の地物］［次の地物］［最後の地物］を使用して、被覆レイヤ内の図形に順にアクセスしていきます。地図に表示される範囲が変更されることを確認してください。確認が終わったら［地図帳］内の出力メニューを使用して、一連の出力をしてみましょう。

Part Ⅴ:データを出力する

第16章
QGIS以外の魅力的なツール

本章ではスマホの地図アプリ「Avenza Maps」、ビジュアル分析が得意な「Tableau Public」、作成した地図を公開できる「ArcGIS Online」の基本的な使い方を紹介します。それぞれの得意なところを押さえつつ、使い分けるのもよいでしょう。

16.1 Avenza Maps

「Avenza Maps」（URL https://www.avenzamaps.com/）はAvenza Systems Inc.が作成したiPhone、Androidで動作するオフライン地図アプリケーションです。端末上に地図を表示し、端末の現在地と連動できるほか、ポイント、ライン、面の描画やそれらの図形に属性を記録する機能、さらに写真との関連付け、GPSロギングなどの機能を備えています。

ここでは、Avenza MapsにQGIS上で作成した地図データを取り込んで利用する方法について説明します。たとえば、地図データをタブレットなどの携帯端末に入れて現地へ持って行き、ナビゲーションや現地調査などで利用できます。

Avenza Mapsの最大の特徴は、手元の地図データを手軽に取り込んで利用できる点にあります[注1]。携帯端末で地図を扱うアプリケーションは多くありますが、自分で作成した地図データを取り込んで使用することができるものはあまりありません。そのため、自分で作成した地図を現地で活用するといった用途では、Avenza Mapsはもっとも適したアプリケーションであるといえます。

取り込める地図データは、背景図がGeoTIFF、GeoPDFに対応しています。また、KMLやシェープファイルなどで作成されたポイント、ライン、面などの図形データを取り込むこともできます[注2]。詳細な使用法はAvenza Mapsの日本サイト（URL http://avenzamaps.jp/）を参照してください。

16.1.1 QGISで作成した地図画像を取り込む

ここでは、QGISで作成した地図画像を背景図としてAvenza Mapsに取り込む方法を説明

注1 無料ライセンスではマップストア以外の地図の利用は3枚までに制限されています。また、無料ライセンスは個人での利用に限られています。

注2 シェープファイルのインポート／エクスポートは有償ライセンスのみで利用可能です。

第16章：QGIS以外の魅力的なツール

○図16-1　プリントレイアウトの配置例

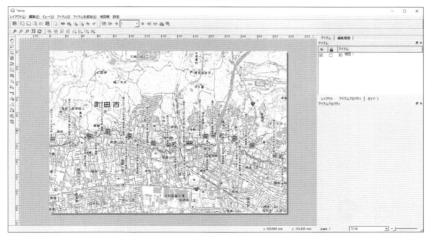

します。QGISで作成した地図をGeoTIFFまたはGeoPDFでエクスポートするにはプリントレイアウトを使用します。

図16-1では、特に整飾を付けずに地図データをキャンバスいっぱいに張り付けていますが、必要ならば地図タイトルや凡例などを追加できます[注3]。QGIS上の地図を画像として保存する方法は、他にも［プロジェクト］⇒［インポート／エクスポート］⇒［Export Map to Image］から行う方法がありますが、この場合は画像データとそれに対応したワールドファイルが作成され、座標参照系は保存されないので、gdal_translateコマンドなどを使って座標参照系を割り当てたうえでGeoTIFFまたはGeoPDFフォーマットに変換する必要があります。

作成した地図データをAvenza Mapsに取り込む（インポートする）には、端末にデータを転送するか、Googleドライブからインポートします。ここではGoogleドライブからインポートする方法を説明します。そのために、まずは作成した地図データをGoogleドライブ上のマイドライブにアップロードするか、Googleアカウントをお持ちでない場合は、端末のストレージに地図データを転送しておきましょう。

▶Googleドライブから取り込む

動作説明はAndroid端末を例にします。まず、Avenza Mapsの初期画面の右下にある［＋］ボタンをタップし、表示されるメニューから［地図をダウンロード、またはインポート］を選択します（図16-2）。

選択すると、地図を追加する方法の一覧が表示されます（図16-3）。端末のストレージからインポートする場合は［デバイスから］を、Googleドライブからインポートする場合は［ストレージロケーションから］を選択します。

注3　レイアウトに地図タイトルや凡例などを追加する方法は、前章の「15.5：タイトルを配置する」（169ページ）、「15.8：凡例を配置する」（171ページ）を参照してください。

Part Ⅴ：データを出力する

○図16-2　Avenza Maps初期画面からメニュー表示

○図16-3　地図を追加

○図16-4　デバイスから地図を選択

○図16-5　Googleドライブから地図を選択

○図16-6　地図インポート開始画面　　○図16-7　インポート完了後の状態

［デバイスから］を選択した場合は［デバイス内の保存スペース］（**図16-4**）が、［ストレージロケーションから］を選択した場合はGoogleドライブにあるファイル、フォルダの一覧（**図16-5**）が表示されます。ここで、先ほど転送またはアップロードしておいた地図データを選択します。

選択すると**図16-6**のようにインポートが開始されます。インポートが完了したら**図16-7**のように地図のアイコンが表示されます。

地図アイコンの右側には地図名の下に現在のデバイスの位置からの距離が表示されます。デバイスの位置が地図の範囲内にある場合は「地図の範囲内」と表示されます。

16.1.2　取り込んだ地図の表示

取り込んだ地図をタップすると地図が表示されます。デバイスの位置が地図の範囲内にある場合は、左下にあるアイコンをタップすると現在の位置と地図が連動されます（**図16-8**）。

○図16-8　バス停留所

Part V：データを出力する

　図16-9〜16-11に、QGISで作成した現地で役に立ちそうな地図の例を示します。さまざまなデータを組み合わせて、現地で役に立つ地図を作成してみましょう

◯図16-9　バス停留所

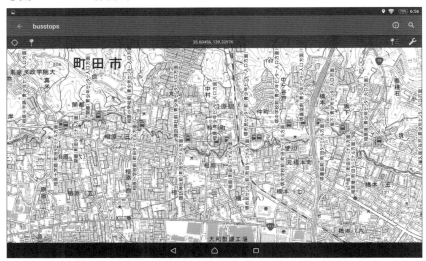

※町田市オープンデータ「まちっこ相原ルート停留所」、地理院地図を使用

◯図16-10　緊急避難所および医療施設

※森町オープンデータの管内図、指定緊急避難場所一覧、AED設置箇所一覧、医療機関一覧を使用

○図16-11　観光案内図

※八丈町オープンデータの八丈町営温泉一覧、八丈島の主な観光スポット一覧、MIERUNE地図Colorを使用

16.2 Tableau Public

Tableau（URL https://www.tableau.com/ja-jp）は、グラフやビジュアライゼーションに関する操作にかかる時間を大幅に削減してくれるツールです。ビジュアライゼーションの一環としての地図表示機能も備えています。分析ソリューションとして「Tableau Desktop」「Tableau Prep」「Tableau Online」「Tableau Server」のような製品群になっています。

16.2.1 Tableau Publicのインストール

Tableau Desktopには商用のほかにPublicエディション（Tableau Public）が用意されており、多少の機能制約はあるものの基本的な機能は使用可能です。2018年8月時点、Tableau Publicの機能制約として、データの保存先はTableau Publicのサーバに限定されています（ただしデータやダウンロードに関して制約を設けることは可能です）。

Tableau Publicは、図16-12からダウンロードできます。ダウンロードしたファイルをダブルクリックしてインストールしてください。インストール完了後に起動すると図16-13が表示されます。

Part V：データを出力する

○図16-12　Tableau Publicのダウンロード
（URL https://public.tableau.com/ja-jp/s/download）

○図16-13　Tableau Public

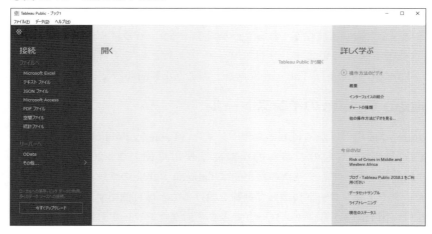

16.2.2　統計データのダウンロード

　ここでは、地域経済分析システム「RESAS」（図16-14）のデータを使用して都道府県別に表示します。RESASは、経済産業省と内閣官房（まち・ひと・しごと創生本部事務局）が提供しています。
　ここでは雇用に関するデータを取得します。RESASのメインメニューの［産業構造マップ］⇒［全産業］⇒［従業者数（事業所単位）］で図16-15を開き、右側下部の［グラフを表示］

○図16-14　RESAS（URL https://resas.go.jp）

○図16-15　RESAS：［産業構造マップ］⇒［全産業］⇒［従業者数（事業所単位）］

で開いたグラフ画面から［データをダウンロード］で「municipality-employee_20160720.zip」（約6.1MB）をダウンロードします。

ダウンロードしたZIPファイルを解凍してできた「01_集計データ」フォルダにある「従業者数（事業所単位）_都道府県_業種中分類.csv」を利用します。

16.2.3　データの表示

Tableau Publicを起動して、左側のメニューにある［テキストファイル］から先ほどダウンロードした「従業者数（事業所単位）_都道府県_業種中分類.csv」を選択すると図16-16が表示されます。

続いて［データソース］から［シート1］を選択します（図16-17）。このシートに地図付きの表示をしていきましょう。

Part Ⅴ：データを出力する

○図16-16　Tableau Public：データソース

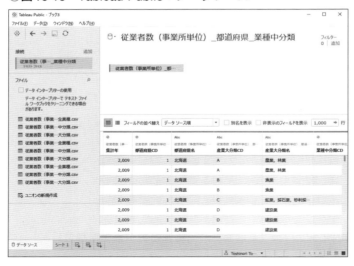

○図16-17　Tableau Public：シート1

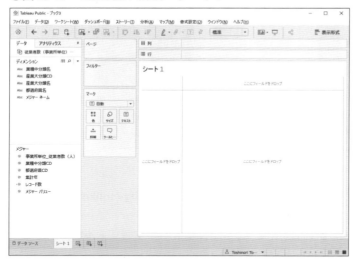

▶ディメンションとメジャー

　Tableauでは、データを名前や日付など定性的な値を意味する「ディメンション」と測定可能な数値などを意味する「メジャー」に分類できます。読み込んだ時点（図16-17）では、「業種中分類CD」「都道府県CD」「集計年」はメジャーになっていますが、ディメンションにドラッグして移動します。

　また、「集計年」は右クリック ⇒［データ型の変換］⇒［日付］でデータ型を変換しておきます。

○図16-18　地図の表示

▶ 地図の表示

ディメンションにある「都道府県名」を右クリック ⇒ ［地理的役割］⇒ ［都道府県/州］で地図表示のための設定をしておきます。

続いて、メジャーにある「事業者単位_従業者数（人）」を［マーク］エリアの［色］にドラッグ＆ドロップします。同様にディメンションにある［都道府県名］を［マーク］エリアの［詳細］にドラッグ＆ドロップします。ドロップしたあとでも［色］［サイズ］［ラベル］［詳細］［ツールヒント］に変更できます。

さらにメジャーの「経度（生成）」と「緯度（生成）」をそれぞれ［列］［行］にドラッグ＆ドロップします。すると図16-18のように表示されます。

▶ フィルターの利用

「産業大分類名」と「集計年」を［フィルター］にドラッグ＆ドロップします。それぞれドロップ時にダイアログが表示されるので設定します。図16-19は「産業大分類名」には「漁業」と「農業，林業」を、「集計年」には「2014年」に設定したものです。

▶ グラフの表示

下部の［新しいワークシート］をクリックして［シート2］を作成してグラフを表示してみましょう。

メジャーにある「事業者単位_従業者数（人）」を上部の［列］に、ディメンションにある「都道府県CD」と「都道府県名」を［行］にドラッグ＆ドロップします。さらにシート1と同じフィルターを設定すると、図16-19のように表示されます。

Part Ⅴ：データを出力する

○図16-19　グラフの表示

16.3　ArcGIS Online

ArcGISは商用のGISとして有名です。ここでは、編集したコンテンツをWebサービスとして無料で公開できるプラットフォームの「ArcGIS Online」（図16-20）を紹介します。

16.3.1　サインイン

図16-20の右上の［サインイン］をクリックすると図16-21が表示されるので、左側の［個

○図16-20　ArcGIS（🔗 https://www.arcgis.com/home/）

人向けのプランのアカウント作成］か、または右側の［次を使用してサインインします］から「Facebook」「Google」のアカウントでログインします。

16.3.2 ArcGIS Onlineの画面

ログインが完了すると図16-20の画面に戻り、右上に自分のアカウントが表示されます。それでは、左上のタブメニューから「マップ」を選択すると、図16-22のように左側にパネルのある画面になります。

○図16-21　サインイン

○図16-22　ArcGIS Online：マイマップ

ArcGIS Onlineにはあらかじめベースマップが7種類用意されています（**図16-23**）。上部の［ベースマップ］から選択できます。また、Esri社のコンテンツカタログの「Living Atlas」は［追加］⇒［Living Atlasレイヤーの参照］から利用できます（**図16-24**）。

16.3.3 防災マップの作成

ここでは、第10章「防災／減災／安全に役立つ地図を作成する」（98ページ）で紹介した北海道室蘭市のオープンデータを使って作成します。利用するデータは次の3つです。

- AED設置事業所：aed_20170804.zip
- 砂箱（砂箱を設置している場所）：sunabako_20140220.zip
- 避難場所（災害時の避難場所）：hinanbasyo_20130826.zip

○図16-23　ArcGIS Online：ベースマップ

○図16-24　ArcGIS Online：Living Atlas

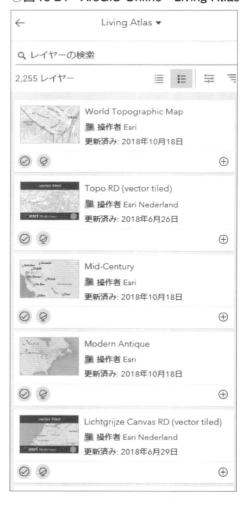

第 16 章：QGIS 以外の魅力的なツール

▶ AED 設置事業所の追加

画面左上の［追加］⇒［ファイルからレイヤーを追加］を選択して図16-25を開き、「aed_20170804.zip」を設定して［レイヤーのインポート］をクリックします。ここは「.shp」だけではなく「.shx」などを含む ZIP ファイルであることに注意してください。

無事にレイヤーが追加されると図16-26の画面になるので、左側の［スタイルの変更］を設定します。［表示する属性を選択する］には「場所のみを表示」を、［場所のみを表示］は「場所（単一シンボル）」を選択します。

表示するマークを変更する方法は「場所（単一シンボル）」⇒［オプション］⇒［シンボル］で図16-27を開いて変更します。ここでは［形状］⇒［危機管理］で緑色の十字マークを選択します。

○図16-25　ファイルからレイヤーを追加

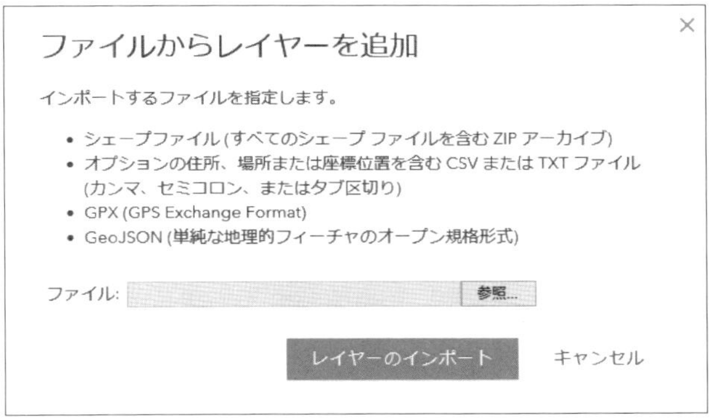

○図16-26　AED 設置事業所を追加後

Part Ⅴ：データを出力する

○図16-27　AED設置事業所のシンボル（形状：危機管理）

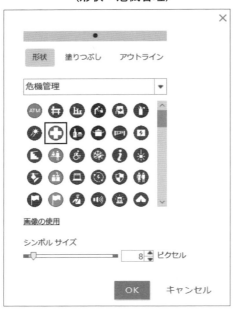

○図16-28　砂箱のシンボル（形状：災害）

▶砂箱の追加

　AED設置事業所と同様に砂箱（sunabako_20140220.zip）も追加します。砂箱のシンボルは［形状］⇒［災害］から大きな雪の結晶にしました（図16-28）。

▶避難場所の追加

　最後に、避難場所（hinanbasyo_20130826.zip）を追加します。［表示する属性を選択する］には「収容人数」を、［描画する方法を選択する］には「数と量（サイズ）」を選択すると、収容人数の大きさに合わせた円のサイズが描画されます。

▶保存と共有

　上部中央の［保存］で「マップの保存」（図16-30）が表示されるので、タイトルやタグ、説明などを入力して保存します。保存後に、上部中央の［共有］にて「マップの短縮リンク」などが設定できます。共有できるとブラウザからもアクセスできます（図16-31）。

○図16-29 避難場所（収容人数）を追加

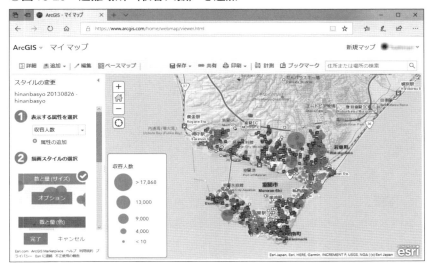

○図16-30 マップの保存

Part V:データを出力する

○図16-31 共有マップの表示

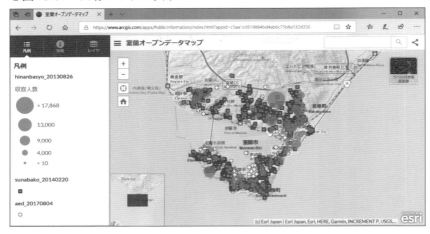

コラム MIERUNE地図

㈱MIERUNE（URL https://mierune.co.jp/）では、MIERUNE地図というタイル地図の配信サービスを行っています。MIERUNE地図は、オープンストリートマップをもとにして、独自のスタイル付けを行ったタイル地図です。

無償で使用できる2スタイルが提供されています（図16-A）。有償の場合は、さらに6スタイルを使用できます（図16-B）。またはオリジナルの地図スタイル作成を相談することもできます。オープンストリートマップや地理院地図の表現では作成したい地図のイメージに合わない場合には、このようなサービスを利用してみることも検討してください。

使い方としては、MIERUNE地図のサーバに接続して使用する他に、タイル地図のデータを一式購入して、自分のサーバにおいて使用することも可能です。

○図16-A　MIERUNE MONO（無償版）

○図16-B　MIERUNE NORMAL（有償版）

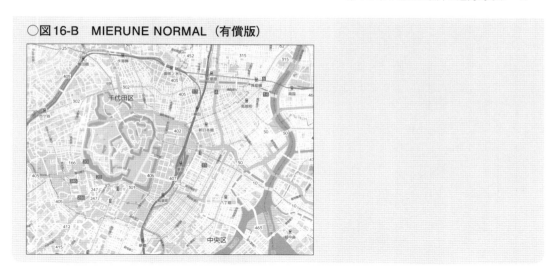

Appendix

　Appendixでは、本書で利用したOSSの地理情報システム「QGIS」の操作ガイドと、各種地図／地理データのカタログをまとめます。

Appendix A：QGIS操作ガイド
Appendix B：データカタログ

Appendix

App A QGIS操作ガイド

QGISのインストールや基本的な機能の操作方法を説明します。本書では「QGIS 3.2」で説明していますが、以降のバージョンでもほぼ同じ操作となります。なお「QGIS 3.2」では、メニューに英語表記が残っている箇所があります。今後、日本語表記に変更されていきますが、本書では「QGIS 3.2」時点での表記のまま記載します。以降のバージョンで操作する際は、適時読み替えてください。

付属DVD-ROMには、本章でダウンロードする「QGIS 3.2」を収録しています。

A.1 QGISとは

QGISはオープンソースソフトウェアの地理情報システムです。地理空間情報の作成、編集、表示、解析の機能があり、商用システムに負けないほど多機能で、他のアプリケーションで提供されている解析機能を使用するためのインタフェースも用意されています。例えばデータのフォーマットを変換する場合も、他のアプリケーションで提供されている機能を、QGISのメニューから使用できます。データを表示し、確認したうえで変換できるのはとても便利です。またWindows、macOS、UNIXとマルチプラットフォームで提供されています。

QGISは2002年から開発が開始されていますが、バージョン1.xまでは、日本語での処理の問題などがあり、使用には不安の声も聞かれました。しかし、2013年にバージョン2.0となり問題が解決されるとともに、大幅に機能が増強されています。QGISは使えるとの声を多く聞くようになってきましたし、利用事例の報告も多くなっています。さらに、2018年にはバージョン3が公開されました。長年の開発で古くなった内部構成、使用ライブラリを刷新しています。

公式サイト（図A-1）から各種情報を確認できます。2018年9月現在のバージョンは「3.2」です。

QGISは、GNU General Public License（GPL）で提供されており無償で利用できます。必要であればソースコードの中身を見て動作を調べられます。また、要望に応じて改良を加えることもできます（改良後もライセンスが引き継がれます）。さらにいえば開発に加わることもできます。これらはオープンソースソフトウェアの良いところですので、積極的に参加していきましょう。

QGISの開発は、開発コミュニティによって行われています。日本からのコアな開発メンバーはいませんが、QGISの日本語対応、メニューの日本語への翻訳、ドキュメントやWebサイトの翻訳などボランティアとして多くの日本人が関わっています（図A-2）。QGISはプ

○図A-1　QGISのWebサイト　(URL http://www.qgis.org)

○図A-2　QGISに貢献しよう

ラグインにより機能を足すことができるので、プラグインを開発するという手段もあります。また、そこまで関われないという方は、バグの報告を上げることも1つの貢献になります。寄付するという直接的な手も用意されています。

A.2 インストール

A.2.1 Windowsの場合

　QGIS Windows版を使用するには、QGISのWebサイトからインストーラをダウンロードします。QGISを単体でインストールしたい場合は、Webサイトの［ダウンロードする］に進み、使用しているWindowsの64bit（もしくは32bit）にあるインストーラをダウロー

Appendix

ドしてください。特段の事情がないかぎり「QGIS スタンドアローン インストーラ」を推奨します。

　ダウンロードしたインストーラを実行すると、セットアップウィザード（**図A-3**）が起動します。以降は、**図A-4**からウィザードに沿って進めます。

　インストール先のフォルダを参照します（**図A-5**）。デフォルトはCドライブのProgram Files（x86）直下に「QGIS 3.2」が作成され、インストールされます。インストールコンポーネントとしてサンプルデータも一緒にインストールできます（**図A-6**）。特に必要なければインストールしなくても問題ありません。インストールが完了すると**図A-7**が表示されます。PCを再起動後、デスクトップに作成されたショートカットから起動してください。

○図A-3　セットアップウィザード

○図A-4　ライセンス契約書

○図A-5　インストール先の選択

○図A-6　コンポーネントの選択

○図A-7　インストールの完了

A.2.2 macOSの場合

QGIS macOS版もQGISのWebサイトからインストーラをダウンロードして実行します。2018年9月現在、macOS Yosemite（10.10）以降に対応しています。ダウンロードしたdmgファイルを開き（**図A-8**）、番号の振られている順にインストールします。

番号の振られているのは、次のファイルです。

①：1 Install Python 3.rtf
②：2 Install GDAL Complete.pkg
③：3 Install QGIS 3.pkg

①のファイルはテキストファイルで、Python環境を先に準備するように書かれています。Pythonのサイト（**図A-9**）から適切なバージョンのPythonインストーラをダウンロードしてインストールしてください。
②と③の手順については、pkgファイルをダブルクリックするとインストールが始まります。アプリケーションからQGISが起動できたら完了です。

○図A-8　macOS版インストーラ

Appendix

○図A-9　PythonのWebサイト　(URL https://www.python.org/)

A.3 QGIS 3の変更点

　先にQGIS 3での主な変更点について触れておきます。QGIS 2からのユーザの方は、どういった点が変更されたか参考にしてください。

　QGIS 3へのバージョンアップの主な目的は、QGISの内部構造の刷新が挙げられます。QGIS内部ではさまざまなソフトウェアが利用されています。それらが各々バージョンアップしていますが、これまでの構造では最新版に追従できなくなっていました。最新版に追従できることにより、より安定したソフトウェアにすることができます。

　とはいえ、便利な機能も数多く追加されています。詳細はQGIS 3.0のChangelog (URL https://qgis.org/en/site/forusers/visualchangelog30/) を参照してください。いくつか主だったものを見ていきましょう。

A.3.1 プロジェクトファイルの拡張子変更

　QGISのプロジェクトファイルの拡張子が「.qgz」に変更されており、従来の「.qgs」ファイルがZIP圧縮されている形式になります。従来の「.qgs」も選択できますが、プロジェクトファイルのサイズ増加が抑制されます。

A.3.2 ベクトルレイヤのデフォルトが「GeoPackage」に変更

　レイヤ作成の際に最初に表示されるメニューが「GeoPackage」に変更になっています。
　特にベクトルデータに関して、これまで標準的に用いられてきたESRI Shapefileに対しては、ファイルサイズなどで不自由な点が多くなってきています。GeoPackageは、ベクトルデータ、ラスタデータ、タイルに切ったラスタデータ、その他位置情報のみではない属性情報などを1ファイルのデータベースに格納する形式です。今後は主流なフォーマットになることが期待されています。

A.3.3 編集に使う機能

CADのように角度や距離を指定した入力の要望は多く出ていました。デジタイジングに関する機能が多く追加されています。[先進的なデジタイズパネル]を開くと、角度や距離を指定しながらの入力が可能です（図A-10）。

[デジタイジングツールバー]からは、円や長方形の描画に便利な機能が使えます（図A-11）。

A.3.4 表現の強化

描画表現の強化や指定方法の簡易化が行われています。描画表現の強化の1つとして、近いポイントをまとめて表示する「cluster」が使えるようになっています。図形タイプがポイントのレイヤで使用できます。指定した距離内のポイントを1つにまとめて、いくつのポイントの集合であるかを表示してくれます。縮尺によってまとまるポイントの数は変わります（図A-12）。

A.3.5 3D表現

プラグインを使わずに3D表現ができるようになっています。標高値データのレイヤを高

○図A-10　先進的なデジタイズ

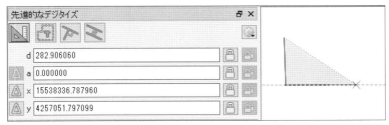

○図A-11　デジタイジング

○図A-12　Point cluster

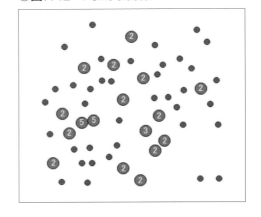

Appendix

さとして利用します。図形中に高さとして利用できる属性がある場合は、図形に高さを与えた3D表現にすることも可能です（**図A-13**）。

A.3.6 キャンバス保存時の指定

地図を画像またはPDF形式で保存する際に、縮尺や解像度、範囲を指定できるようになっています（**図A-14**）。

〇図A-13　3D表現

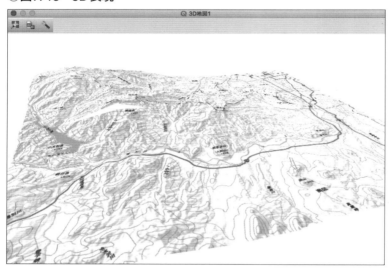

〇図A-14　地図を画像として保存

コラム QGISの操作について質問できる場所は国内にある？

あくまでボランティアベースですが、QGIS初心者質問グループ（URL https://groups.google.com/forum/#!forum/qgisshitumon01）や、Facebookグループ「QGIS User Group Japan」（URL https://www.facebook.com/groups/1270223339681777/）などで質問することができます。

また、有償のサポートは、㈱MIERUNE（URL https://mierune.co.jp/qgis.html）などが提供しています。

A.4 プロジェクトを開く／保存する

まずは、QGISを起動してみましょう。QGISを起動すると、最近使用したプロジェクトがある場合は、各プロジェクトへのショートカットが表示されます。該当のプロジェクトをダブルクリックすることで開けます（図A-15）。はじめてQGISを開く場合は、新規プロジェクトが開いた状態になっています。プロジェクトとは、地図データを管理する単位で、地図の投影法、追加したレイヤの情報、表示範囲、印刷設定などを保存できます。

プロジェクトファイルを保存するにはQGISメニューから［プロジェクト］⇒［保存］を選択します。拡張子は「.qgz」もしくは「.qgs」です。動作上、ファイル名には日本語を使わないようにしましょう。

保存したプロジェクトファイルを開くには、起動時のショートカット以外に、保存したプロジェクトファイルをダブルクリックするか、QGISメニューの［プロジェクト］⇒［open］からファイルを選択します。

○図A-15　QGIS起動直後

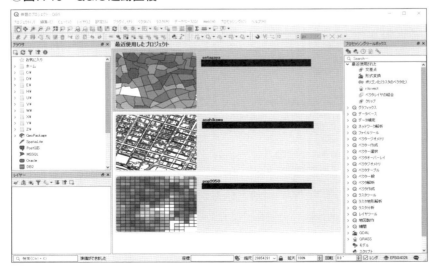

Appendix

A.5 座標参照系（CRS）を設定する

プロジェクトに対して座標参照系（CRS）を設定するには、メニューの［プロジェクト］⇒［Properties］⇒ 左パネルの［CRS］を選択します（**図A-16**）。

プロジェクトに設定されているCRSは［選択したCRS］に表示されます。変更したい場合は、［最近使用した座標参照系］もしくは［世界の座標参照系］から、目的のCRSを見つけて選択します。フィルター機能を使うことで、部分一致も検索できます。

A.6 プラグインを設定する

QGIS本体だけでもさまざまな機能がありますが、それに加えてプラグインという形で機能を追加できます。メニューから［プラグイン］⇒［プラグインの管理とインストール］を選択すると**図A-17**が開きます。

デフォルトでは、QGISのオフィシャルプラグインリポジトリに登録されているすべてのプラグインが一覧表示されます。探している機能を表すキーワードを［検索］に入力することで、対象のプラグインを絞っていくことができます。必要なプラグインが見つかったら、一覧からプラグインを選択したうえで［プラグインをインストール］で追加します。また、左側パネルからプラグインのインストール状態で分けて表示できます。

インストールしたプラグインを使わなくなった場合は、一時的にメニューからの表示をさせないか、アンインストールするかを選択できます。表示させない場合は、対象となるプラグインを選択して、プラグイン名のチェックを外します。

ZIPファイルでプラグインを受け取った場合は、左側パネルから［ZIPからインストールする］を選び、ファイルを指定することでインストールできます。

○図A-16　CRS設定

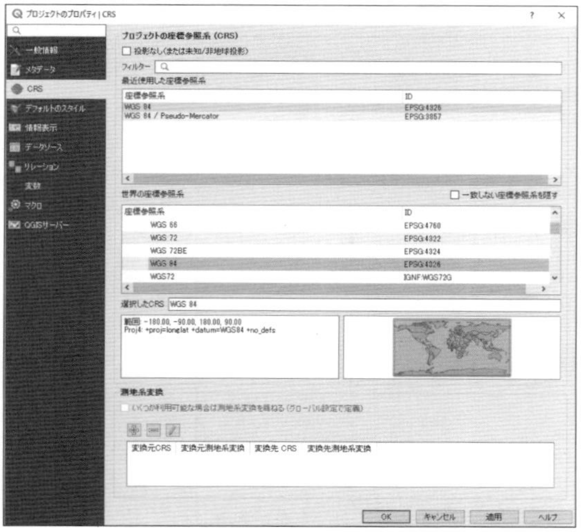

○図A-17 プラグイン

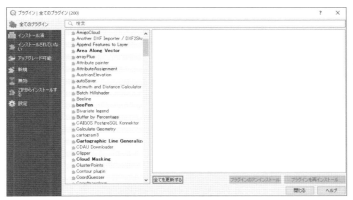

○図A-18 新規レイヤ作成

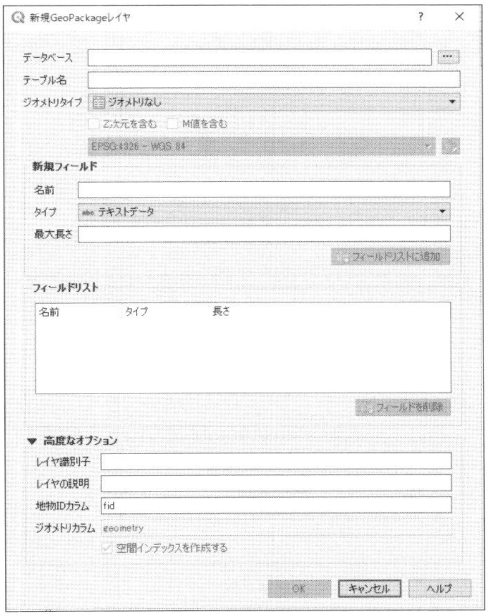

A.7 新規レイヤを作成する

　新規にGeoPackageを作成してレイヤに追加するには、メニューから［レイヤ］⇒［レイヤの作成］⇒［新しいGeoPackageレイヤ］を選択して図A-18を表示します。

　保存するファイル名を［データベース］で、データベース内に作成するテーブル名を［テーブル名］で指定します。1テーブルが1レイヤに相当します。作成するジオメトリタイプは「ポイント」「ライン」「ポリゴン」など選択できますが、1レイヤには1タイプのみ指定できます。［フィールドリスト］はデフォルトでは空になっています。必要に応じて［新規フィールド］に［名前［タイプ］［最大長さ］を入力し、［フィールドリストに追加］ボタンで追加してください。必要な項目の入力が終わり［OK］すると、新規レイヤがQGISに追加されます。

Appendix

A.8 ファイルをレイヤに追加する

QGISでは、さまざまな種類のGISファイルをレイヤに追加できます。ファイルの追加は、メニューの［レイヤ］⇒［レイヤの追加］（**図A-19**）のほか、ブラウザパネル（**図A-20**）からも可能です。また、QGISウインドウにファイルをドラッグ＆ドロップするだけでも追加できます。

A.9 特殊なレイヤを追加する

A.9.1 タイル地図の追加

オープンストリートマップや地理院地図といった「タイル地図」は、ブラウザパネルの［XYZ Tiles］から追加できます。［XYZ Tiles］を右クリックして［New Connection］を選択します（**図A-21**）。

［URL］には各タイルに接続するためのURLを入力します。タイルの「ズームレベル（z）」「X値（x）」「Y値（y）」は接続の際に置き換わるので、「{｝（波括弧）」で囲んで指定してします。

```
https://cyberjapandata.gsi.go.jp/xyz/std/{z}/{x}/{y}.png
```

○図A-19　レイヤ追加メニュー

○図A-20　ブラウザパネル

App A：QGIS 操作ガイド

○図A-21　XYZ Tiles

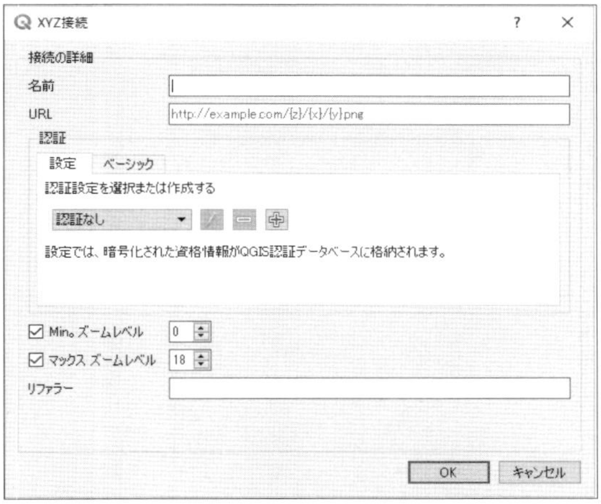

○図A-22　農研機構 地図画像配信サービス
　　　　　（URL https://www.finds.jp/mapprv/index.html.ja）

A.9.2　WMS（Web Map Service）サーバからの追加

　農研機構の公開するWMSサーバ（**図A-22**）を例に、地図データを取得して初期レイヤとしてセットしてみましょう。
　地図画像配信サービス中段にある「WMS（Web Map Service）」をクリックすると、使用時の情報ページに移動します。必要な情報として接続先のURLを確認しておきます。また、提供されているレイヤにより、表示する縮尺範囲が決まっていますので、あらかじめ確認しておきましょう。

Appendix

○図 A-23　ブラウザパネルからの追加

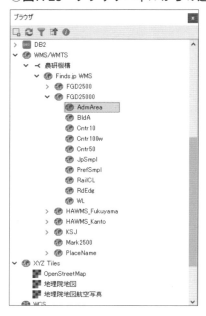

・農研機構WMSのURL
http://www.finds.jp/ws/wms.php?

　ブラウザパネルの［WMS/WMTS］を右クリックして［New Connection］を選択します。［URL］に確認しておいた接続先のURLを入力します。接続に成功すると、ブラウザパネル内に、追加可能なレイヤが表示されます（**図A-23**）。追加したいレイヤをダブルクリックしてQGISへレイヤを追加します。

A.10　ラスタレイヤにスタイルを設定する

　QGISでは、レイヤにスタイルを適用することで要素の表示方法を設定できます。レイヤのスタイル設定は、レイヤリストから該当のレイヤを右クリック⇒［Properties］⇒右側パネルから［シンボル体系］を選択します。ラスタレイヤのスタイル設定では、［バンド表示］は［レンダリングタイプ］によって異なりますが、［カラーレンダリング］と［リサンプリング］は共通です。代表的なレンダリングタイプを説明します。

▶ Singleband gray（単バンドグレー）

　単バンド画像をグレースケールで表示する場合の設定は**図A-24**、**表A-1**のとおりです。設定後、［適用］ボタンを押すと実行されます（**図A-25**）。

App A：QGIS 操作ガイド

○図A-24　ラスタレイヤ：単バンドグレー

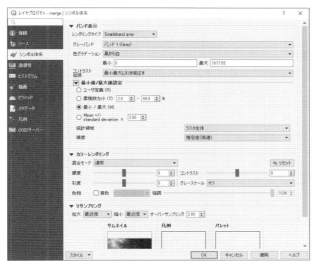

○図A-25　グレースケール画像の設定例

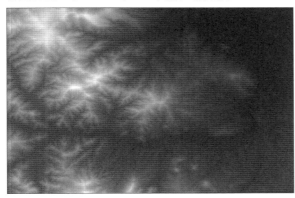

○表A-1　単バンド画像をグレースケールで表示する場合の設定

項目	説明
グレーバンド	単バンドなので「バンド1」のみが選択可能
色グラデーション	「黒から白」または「白から黒」を選択。「黒から白」の場合は、ピクセル値が低いほうから高いほうになるにつれて黒から白を割り当てる
最少／最大	ピクセル値の最大値、最小値を指定。[適用] ボタンで画像のピクセル値を読み込んで値を設定できる（値を直接指定することも可能）
コントラスト拡張	表示時のコントラストの拡張方法を指定。「拡張なし」はコントラストを拡張しない。「最少最大に引き延ばす」は指定した最小値／最大値にそれぞれ黒と白（またはその逆）を割り当てる
最小値／最大値設定	ラスタレイヤから最小値、最大値を読み込む方法を指定

Appendix

▶ Multiband color（マルチバンドカラー）

マルチバンドカラー画像の場合は**図A-26**、**表A-2**のように設定します。

▶ Singleband pseudcolor（単バンド疑似カラー）

単バンド疑似カラーとは、単バンドの画像にグレースケール以外のカラーテーブルを割り当てて疑似的にカラー画像として表示するものです。熱センサ画像などでよく利用されています（**図A-27**）。

［データ補完］では「線形」は各値の色の間を線形で補完し、「離散的」は各値の間を補完せずにすべて同じ色に設定します。また、「厳密」は該当の色に対応した値と一致しているピクセルにしか彩色されません（特定の値のピクセルを抽出したいときに有効です）。

［カラーランプ］で色を設定します（**図A-28**）。［モード］と分割数、および適用範囲となる最小／最大値を指定し、［分類］ボタンを押すと色と適用される値の組が表示されます（色と値は個別に変更できます）。

○図A-26　ラスタレイヤ：マルチバンドカラー

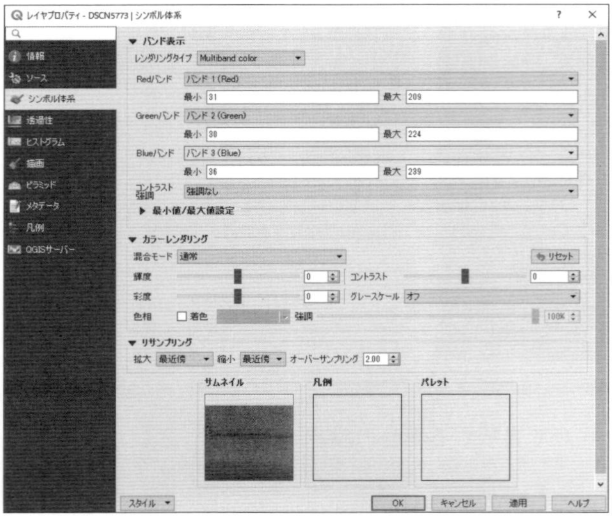

○表A-2　マルチバンドカラー画像の設定例

項目	説明
Redバンド	色の割り当て
Greenバンド	色の割り当て
Blueバンド	色の割り当て
コントラスト強調	単バンドグレーの設定（表A-1）と同じ
最小値／最大値設定	単バンドグレーの設定（表A-1）と同じ

○図A-27 ラスタレイヤ：単バンド疑似カラー

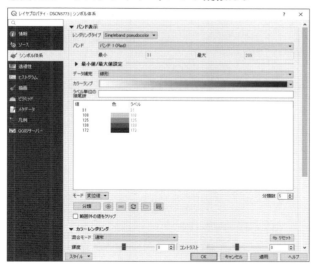

○図A-28 ラスタレイヤ：カラーランプの選択

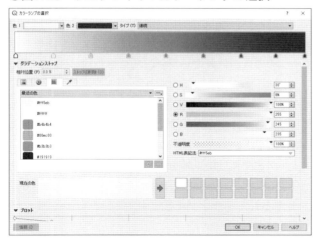

▶ Paletted/Unique values（パレットカラー）

　パレットカラー（図A-29）は、通常は対象となるラスタレイヤがカラーパレットを持つ場合に使用します。カラーパレットとは番号毎に色が決められているカラーテーブルのことで、このようなカラーパレットをファイル内に持っている画像の色モードをインデックスカラーモードと呼びます。この場合、各ピクセル値にはカラーテーブルの番号が記録されます。GISでは、土地利用図などの主題図で用いると便利です。

Appendix

○図A-29　ラスタレイヤ：パレットカラー

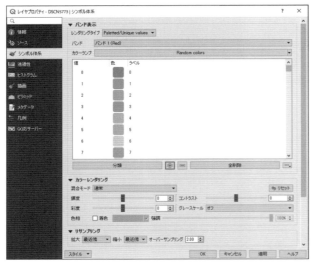

▶共通項目

　［カラーレンダリング］はレイヤの描画について設定します。［混合モード］は下のレイヤの色との混合方法を指定します。「通常」は下のレイヤとは無関係に描画しますが、それ以外では下のレイヤとの演算で描画します。そのほか、［輝度］［彩度］［色相］［コントラスト］［グレースケール］を指定できます。

　［リサンプリング］は、拡大／縮小時のピクセル内挿法を指定します。QGISでは、縮小画像の描画時にすべてのピクセルを描画しているわけではありません。また、かなり拡大したときは画像のピクセルがキャンバスの解像度を下回るため、ピクセルの矩形が見えるようになります。このようなときにリサンプリング法で最近傍以外を指定することで滑らかに描画するように設定できます。［オーバーサンプリング］は元画像に対する倍率で、例えば「0.1」を指定すると元の画像サイズの0.1倍を基準としてリサンプルします。

A.11　ベクタレイヤのスタイルを設定する

　ベクタレイヤのスタイル設定は複雑ですが、柔軟に設定できます。描画要素の設定に加え、ベクタレイヤのフィールドに応じたシンボルの設定やラベル、グラフを表示できます。データのビジュアライゼーションのキモとなる部分です。代表的な機能を説明します。

A.11.1　共通シンボル

　レイヤ内のすべての要素に同じスタイルを適用する場合は、レイヤリストから該当のレイヤを右クリック ⇒ ［スタイル］⇒ ［Edit Symbol］から設定します（図A-30）。

　ベクタレイヤの図形はシンボルによって描画されます。シンボルは1つまたは複数のシン

○図 A-30　ポイントレイヤのシンボルセレクタ

○図 A-31　ラインレイヤのシンボルセレクタ

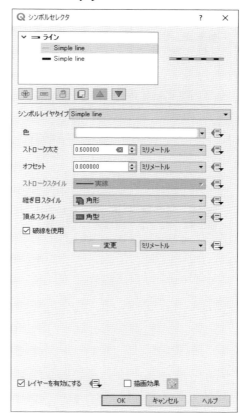

ボルレイヤと呼ばれるレイヤから成り立っていて、各レイヤにはマーカーと呼ばれる要素が配置されます。複数のシンボルレイヤを重ねることで、より複雑なシンボルを作成できます。例えば、旗竿表現を作成するには、太さ・色・破線形状の違う2つのシンボルレイヤから作成します（図 A-31）。

シンボルレイヤはシンボルレイヤツリー下の［＋］／［－］ボタンで追加／削除します。レイヤの順序を操作することで全面 ⇔ 背面に移動できます。シンボルレイヤを選択すると編集できます。また、シンボルレイヤタイプはベクタレイヤの要素種別によって異なります（図 A-32）。

Appendix

○図 A-32　ポリゴンレイヤのシンボルセレクタ

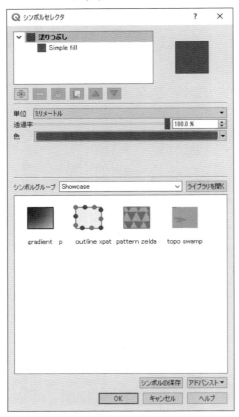

○図 A-33　カラーパレット

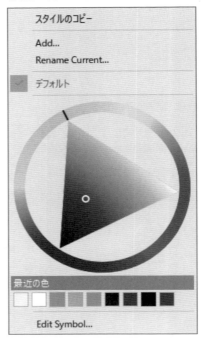

A.11.2　シンボルの色変更

設定したシンボルの色のみ変更する場合は、レイヤリストから該当のレイヤを右クリック⇒［スタイル］で表示されるカラーパレットから設定します（図A-33）。色を選択すると、キャンバス上に反映されます。

A.11.3　スタイルのコピー＆ペースト

1つのレイヤに設定したスタイルを、他のレイヤにも同様に適用できます。レイヤリストからコピー元のレイヤを右クリック⇒［スタイル］⇒［スタイルのコピー］しておき、コピー先のレイヤを右クリック⇒［スタイル］⇒［スタイルの貼り付け］します。

A.11.4　属性に応じたシンボル

ベクタレイヤ内の各要素を描画するときに、各要素のフィールドの値に応じて描画を分ける場合は、レイヤリストから該当のレイヤを右クリック⇒［Properties］⇒右側パネルか

○図A-34　分類されたモード

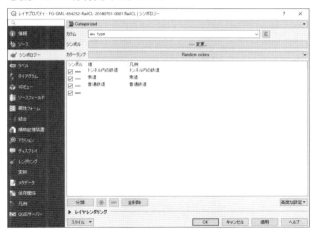

○図A-35　段階分けモード

ら［シンボロジー］を選択します。

▶ Single symbol（共通シンボル）
レイヤのすべての要素を同じシンボルで描画します。

▶ Categorized（分類された）
　フィールドの値をもとに各要素を分類し、分類クラス毎にシンボルを割り当てます（図A-34）。［カラム］で分類に使用するフィールドを指定するか、［ε］ボタンでフィールドに対する数式を入力して分類します。分類を実行するにはシンボルリストの下にある［分類］ボタンを押します。

Appendix

○図A-36　ルールモード

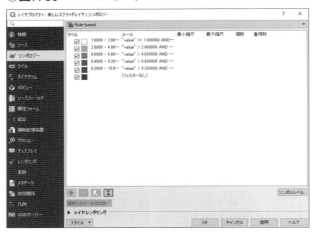

○図A-37　ルールプロパティ

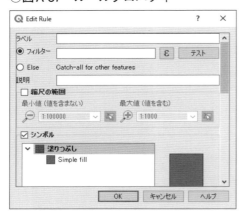

▶ Graduated（段階に分けられた）

　数値型のフィールドに対して段階分けをして、各段階にそれぞれシンボルを割り当てます（図A-35）。数値型フィールドを持たないベクタレイヤでは使用できません。［カラム］に段階分けに使用するカラムを選択するか、［ε］ボタンで数式を入力します。［分類数］で段階数を指定します。設定が完了したら［分類］ボタンで段階分けを実行します。

▶ Rule-based（ルールに基づいた）

　「ルールに基づいた」モードではユーザがルールを1つひとつ定義していきます（図A-36）。［＋］ボタンでルールプロパティ（図A-37）を開いて、ルールを追加していきます。［フィルター］の項目で条件を指定します。横の［ε］ボタンで数式ビルダが起動するので、フィルターに利用する式を作成できます。［テスト］ボタンで条件に該当する地物をカウントします。ルールは上から適用されるので、両方の条件に該当する地物がある場合は最終的

○図A-38　ラベル

には下のルールが適用されます。

A.11.5 ラベル

ラベルはベクタレイヤの各要素が持つ属性値のテキストを要素付近に描画するものです。レイヤリストから該当のレイヤを右クリック ⇒ [Properties] ⇒ 右側パネルから [ラベル] を選択します（図A-38）。表示したいラベルの属性を選択するか、右側の [ε] ボタンでフィールド演算結果を指定します。ラベルの設定項目はラベルプロパティ画面の左下にあります。

▶ テキスト

ラベルのフォント、大きさ、色などを指定します。

▶ 整形

複数行の設定や1行の高さを指定します。[文字をラップする] には折り返しに使用する文字を指定します。例えば、「fgoid:10-00200-11-65361-1463083」というラベルに対して折り返し文字を「-」とすると、次のようなラベルが生成されます。

```
fgoid:10
00200
11
65361
1463083
```

▶ バッファ

ラベルテキストの縁取りを設定します。有効にするには [テキストバッファを描画する] をチェックします。[大きさ] は画面上におけるミリ単位もしくは地図上の単位などを入力します。

▶ 背景
ラベルの範囲の背景を設定します。背景色、枠線、ラベルとのマージンなどを指定します。

▶ 影
ラベルのドロップシャドウの色、ぼかし具合、方向、色などを設定します。

▶ 配置
要素に対するラベルの位置を指定します。［ポイントの周り］を選択した場合は点の右上にラベルが配置されます。この場合、要素からの横方向距離のみが指定可能です。［ポイントからのオフセット］を選択すると要素から見てどの位置にラベルを配置するかを指定できます。この場合は要素からの横方向、縦方向の距離をそれぞれ指定できます。

ライン要素、ポリゴン要素については、配置で指定できる項目が変わります。

▶ 描画
［縮尺に応じた表示設定］とはキャンバスの表示縮尺によってラベルを描画するかどうかの設定です。［このレイヤのすべてのラベルを表示する（衝突するラベルを含む）］にチェックを入れると、重なって表示されるラベルもすべて描画します。チェックがない状態では、ラベルが重なる場合にはラベルが描画されない要素があります。

［地物オプション］は、例えば行政界における飛び地のように要素が複数の図形に分かれている場合のラベル描画を指定します。

A.11.6 ダイアグラム

ダイアグラム機能は、ベクタレイヤの各要素が持つ属性値のダイアグラムを描画するものです。レイヤリストから該当のレイヤを右クリック ⇒ ［Properties］ ⇒ 右側パネルから［ダイアグラム］を選択します。図A-39は［ダイアグラムタイプ］が「パイチャート」の設定画面です。

ダイアグラムを表示するには、まず使用する属性値を1つ以上指定する必要があります。ダイアグラムプロパティ画面内の［属性］パネルの左側のリストにはレイヤが持つフィールドが列挙されます。この中からダイアグラムに使用するものを選択して［＋］ボタンで右側のリストに追加します。追加されたフィールドの右側にある色をダブルクリックするとカラーピッカーが表示され、色を変更できます。

表示するダイアグラムは「パイチャート」「テキストチャート」「ヒストグラム」の3種類があります。

○図A-39　パイチャートプロパティ

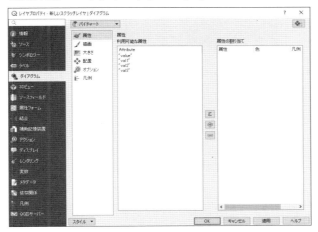

A.11.7 スタイルの読み込み／保存

　レイヤスタイルを保存しておくことで、他のレイヤやプロジェクトに受け渡せます。スタイルを保存するには、パネル左下にある［スタイル］⇒［スタイルを保存］から、フォーマットとして「QGIS Layer Style File」か「SLD File」を選択できます。スタイルを読み込むには、パネル左下［スタイル］⇒［スタイルをロード］から「.qml」または「.sld」ファイルを読み込みます。

A.12 レイヤを編集する

　編集対象とするレイヤを「編集モード」にすることで、図形形状と属性を追加／修正できます。モードの切り替えは3通りの方法があります。

- 対象レイヤを右クリック ⇒［編集モード切替］
- メニューから［レイヤ］⇒［編集モード切替］
- ツールバーから［編集モード切替］アイコンを選択

A.12.1 図形の追加

　メニューから［編集］⇒［（ポイント／ライン／ポリゴン）地物を追加］を選択して地図面をクリックしていくとレイヤに対応した図形を追加できます。（ポイント／ライン／ポリゴン）の部分は、選択しているレイヤの図形タイプにより変わります。
　ポイントのレイヤであれば1箇所をクリックした時点で、ライン／ポリゴンのレイヤであれば数カ所をクリックして図形を作成し右クリックした時点で、属性入力のダイアログが表

Appendix

○図 A-40　図形の追加

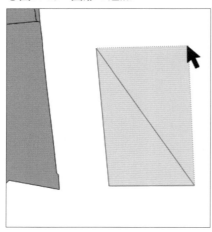

○図 A-41　図形の移動

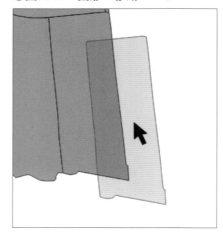

○図 A-42　ノードの移動

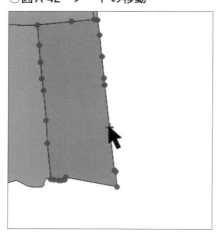

示されます。属性入力まで終了すると図形が追加されます（図 A-40）。

A.12.2　図形の修正

図形の形状を保ったまま移動させる場合は、メニューから［編集］⇒［地物の移動］を選択します。対象とする図形をドラッグ操作で移動できます（図 A-41）。

図形の形状を修正する場合は、メニューから［編集］⇒［頂点ツール］を選択します。対象とする図形にマウスを近づけると、頂点が○で表示されて選択できるようになるので、クリックで選択後に移動や DEL キーで頂点を削除できます（図 A-42）。

図形を削除する場合は、メニューから［編集］⇒［選択］から対象とする図形を選択します。図形を選択する方法は、いくつか用意されています。

- 1 個の図形を選択する
- 長方形領域による地物選択
- ポリゴンによる地物選択
- フリーハンドによる地物選択
- 半径指定による地物選択

選択されている図形はハイライト表示されるので、メニューから［編集］⇒［選択物の削除］を選択します。

○図 A-43　属性テーブルからの編集

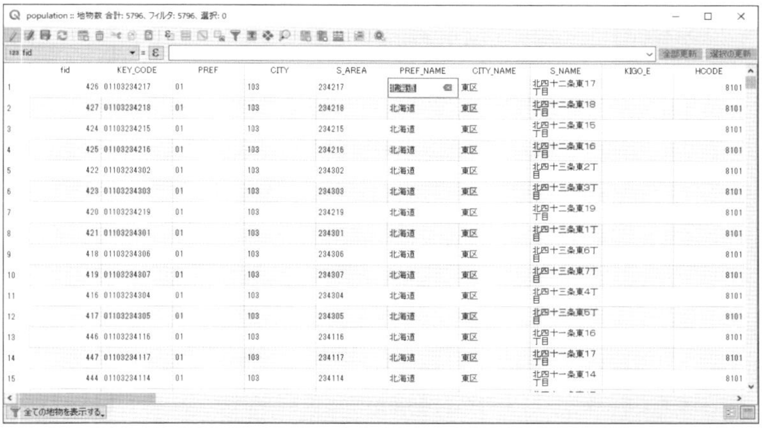

A.12.3　属性の修正

メニューから［ビュー］⇒［地物情報表示］を選択後、対象とする図形をクリックすると地物情報のダイアログが表示され、地物の属性を編集できます。

別の方法として、メニューから［レイヤ］⇒［属性テーブルを開く］を選択しておき、属性テーブル（図 A-43）上で編集する方法もあります。編集したいフィールドをクリックします。この場合は、上部に表示されている［選択された行の地物に地図をズームする］アイコンで図形を表示し、編集対象としている図形があっているかを確認しながら編集しましょう。

編集が終了したら編集モードを切り替えて通常に戻します。図形や属性を編集した時点では変更内容は保存されていないので、明示的に保存する必要があります。

A.13　レイヤを保存する

プロジェクトに表示している各レイヤは、編集作業後に元ファイルに保存するか確認して、上書き保存されます。これとは別に、特定のレイヤを指定して、別名称やフォーマットを変更して保存できます。

対象レイヤを右クリックして［エクスポート］⇒［Save Feature As］を選択して図 A-44を開きます。ファイルフォーマットや、ファイル名を指定できます。

Appendix

○図A-44　レイヤのエクスポート

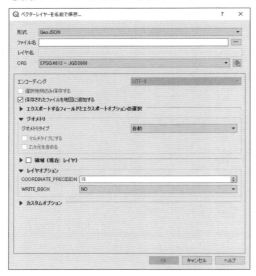

○図A-45　プロセッシングツールボックス

A.14 ベクタ演算例

　QGISには非常に多くのベクタ演算ツールがあります。ベクタ演算ツールを利用することで、データの解析や新しいデータを作成できます。

　基本的なベクタ演算ツールはメニューから［ベクタ］を選択します。そのほかのツールは、プロセッシングツールボックス（**図A-45**）から選択します。プロセッシングツールボックスは、メニューから［プロセッシング］⇒［ツールボックス］で表示できます。

A.14.1　バッファ（空間演算ツール）

　バッファ（空間演算ツール）は、既存のベクタレイヤ内の各要素から一定距離だけ離れたバッファポリゴンを作成するツールです。バッファを作成したいベクタレイヤを読み込んだら、メニューから［ベクタ］⇒［空間演算ツール］⇒［バッファ］を選択して**図A-46**を開きます。

　バッファの［距離］を入力します。バッファ円は多角形で近似して作成されるため、どこまで円に近づけるかの設定も変更できます。［アルゴリズムの実行後に出力ファイルを開く］にチェックを入れると出力結果が自動的にキャンバスに追加されます。**図A-47**は、選択した地物から500m離れたバッファポリゴン作成の例です。

　さまざまなベクタ演算ツールがありますが、基本的な操作方法は同じです。どんなツールがあるかはドキュメントなどを参照ください。

○図A-46　バッファ

○図A-47　バッファ結果

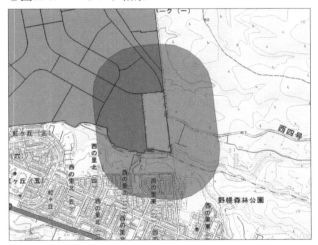

A.15 ラスタ演算例

ラスタ演算を行うにはメニューから［ラスタ］⇒［ラスタ計算機］を選択し、ラスタ計算機（図A-48）を起動します。

［ラスタバンド］には現在読み込まれているラスタレイヤの一覧が表示されます。計算に使用したいバンドをダブルクリックすると［ラスタ演算式］に追加され、オペランドとして使用できます。演算オペレータには四則演算、論理演算、三角関数などがあります。

［出力レイヤ］に計算結果の出力ファイルを指定し、［出力形式］を選択します。出力ファイルが指定されて計算式が正しく作成されていれば［OK］できます。［結果をプロジェクトに追加する］にチェックが入っていればレイヤツリーに結果のファイルが追加されます。

Appendix

　図A-48のラスタ演算式はLandsatデータに対してNDVIを計算する式を入力した例で、図A-49は実行結果を単バンドグレー表示した例です。

○図A-48　ラスタ計算機

○図A-49　NDVI計算結果

A.16 印刷する

　マップキャンバス上の可視化したデータに、「タイトル」や「凡例」「方位」「縮尺」といった整飾をして印刷や画像データとして保存するには「レイアウト」を使用します。レイアウトは「第15章：印刷する」（164ページ）を参照してください。

App B データカタログ

　本章では2018年8月現在、国や地方自治体より公開されているオープンデータを列挙します。取り上げるデータはWebAPIで公開されているもの、もしくはダウンロードが可能なもののみとしています。Webブラウザで閲覧するタイプのもの（地理院地図など）は取り上げていません。
　近年オープンデータの公開は各自治体で急速に進んでいるので、ここで取り上げる以外にも多くのデータがあります。

B.1 国の機関や大学から入手できる情報

国の機関が公開している代表的なGISデータのリストです。

B.1.1 基盤地図情報

- 提供機関：国土地理院
- URL：http://fgd.gsi.go.jp/download/
- 縮尺：1/2,500、1/25,000
- データ項目：測量の基準点、海岸線、公共施設の境界線、行政区画の境界線および代表点、道路縁、河川堤防の表法肩の法線、軌道の中心線、標高点、水涯線、建築物の外周線など
- フォーマット：JPGIS（GML）形式（従来のJPGIS形式は廃止予定）

B.1.2 国土数値情報

- 提供機関：国土交通省
- URL：http://nlftp.mlit.go.jp/ksj/
- 縮尺：
- データ項目：大きく分けて国土（水、土地）、政策区域、地域、交通の4つの分野があり、それぞれに多数の項目がある
- フォーマット：独自フォーマット、JPGIS、JPGIS（GML）、Shapefile

B.1.3 自然環境情報GIS提供システム

- 提供機関：環境省
- URL：http://gis.biodic.go.jp/webgis/
- 縮尺：植生調査図は1/25,000

- データ項目：植生調査、特定植物群落調査、巨樹／巨木調査、河川調査、海岸改変状況調査、湖沼調査、湿地調査、藻場調査、干潟調査、サンゴ調査、マングローブ調査
- フォーマット：KML、Shapefile

B.1.4 e-Stat

- 提供機関：独立行政法人 統計センター
- URL：http://www.e-stat.go.jp/SG1/estat/eStatTopPortal.do
- データ項目：国勢調査、事業所／企業統計調査、農林業センサスなど
- フォーマット：GISデータとしてはShapefile、G-XML形式が利用可能

B.1.5 ASTER GDEM

- 提供機関：一般財団法人 宇宙システム開発利用推進機構
- URL：https://ssl.jspacesystems.or.jp/ersdac/GDEM/J/
- データ項目：ASTER全球3次元地形データ
- フォーマット：GeoTIFF

B.1.6 東京情報大学 VIIRSプロジェクト

- 提供機関：東京情報大学
- URL：http://e-asia2.tuis.ac.jp/browse/VIIRS/snpp.htm
- フォーマット：GeoTIFF、KML
- データ項目：VIIRS画像およびMODIS画像データの解析によって得られたさまざまなプロダクトデータ

B.1.7 東海大学宇宙情報センター

- 提供機関：東海大学
- URL：http://www.tsic.u-tokai.ac.jp/NPP_VIIRS/html/
- データ項目：Landsat8、VIIRS、MODIS、MTSAT衛星画像および火山監視画像、海洋／気象監視画像など
- フォーマット：JPEG

B.1.8 地すべり地形GISデータ

- 提供機関：国立研究開発法人 防災科学技術研究所
- URL：http://dil-opac.bosai.go.jp/publication/nied_tech_note/landslidemap/gis.html
- データ項目：地すべり地形GISデータ
- フォーマット：Shape

B.1.9 地球観測衛星データ提供システム β版

- 提供機関：国立研究開発法人 宇宙航空研究開発機構（JAXA）
- URL：https://www.gportal.jaxa.jp/gp/
- データ項目：雲／水蒸気、雪氷、温度、土壌、放射輝度などの各種物理量
- フォーマット：Shape

B.1.10 DATA.GO.JP データカタログサイト

- 提供機関：総務省行政管理局
- URL：http://www.data.go.jp/about-data-go-jp
- 二次利用が可能な公共データの案内・横断的検索を目的としたオープンデータのカタログサイト

B.2 地方自治体から入手できる情報

オープンデータの公開が明記されている自治体のリストです。ここに挙げるリスト以外でも、外部サイトにデータを提供している自治体もあります。

B.2.1 都道府県

2018年8月現在、オープンデータを公開している都道府県の一覧です。

▶ 北海道
- 名称：北海道オープンデータカタログ
- URL：http://www.pref.hokkaido.lg.jp/ss/jsk/opendata/opendata.htm

▶ 青森県
- 名称：試行版　青い森オープンデータカタログ
- URL：http://www6.pref.aomori.lg.jp/opendata/

▶ 岩手県
- 名称：岩手県オープンデータサイト
- URL：http://www.pref.iwate.jp/seisaku/jouhouka/51575/
-

▶ 宮城県
- 名称：オープンデータみやぎ
- URL：https://www.pref.miyagi.jp/site/opendata-miyagi/

Appendix

▶ 秋田県
- 名称：秋田県オープンデータカタログ（試行版）
- URL：https://www.pref.akita.lg.jp/pages/archive/32419

▶ 山形県
- 名称：山形県オープンデータカタログ
- URL：https://www.pref.yamagata.jp/ou/kikakushinko/020051/opendata.html

▶ 福島県
- 名称：福島県オープンデータ推進コーナー
- URL：https://www.pref.fukushima.lg.jp/sec/11045a/open-data-top.html

▶ 茨城県
- 名称：茨城県オープンデータカタログ
- URL：http://www.pref.ibaraki.jp/kikaku/joho/it/opendata/od-00.html

▶ 栃木県
- 名称：オープンデータ・ベリーとちぎ
- URL：http://tochigiken.jp/
- フォーマット：CSV

▶ 群馬県
- 名称：群馬県オープンデータサイト
- URL：http://www.pref.gunma.jp/07/b2700057.html

▶ 埼玉県
- 名称：Open Data Saitama
- URL：https://opendata.pref.saitama.lg.jp/
- フォーマット：XLS、CSV、PDF

▶ 千葉県
- 名称：千葉県オープンデータサイト
- URL：https://www.pref.chiba.lg.jp/seisaku/toukeidata/opendata/

▶ 東京都
- 名称：東京都オープンデータカタログサイト
- URL：http://opendata-portal.metro.tokyo.jp/www/

▶ 神奈川県

- 神奈川県オープンデータサイト
- URL：http://www.pref.kanagawa.jp/docs/b8k/cnt/f534212/

▶ 新潟県

- 名称：新潟県オープンデータ
- URL：http://www.pref.niigata.lg.jp/joho/opendata.html

▶ 富山県

- 名称：富山県オープンデータポータルサイト
- URL：http://opendata.pref.toyama.jp/

▶ 石川県

- 名称：石川県オープンデータカタログ
- URL：http://www.pref.ishikawa.lg.jp/opendata/

▶ 福井県

- 名称：福井県オープンデータライブラリ
- URL：http://www.pref.fukui.lg.jp/doc/toukei-jouhou/opendata/category.html
- フォーマット：CSV、アプリ

▶ 山梨県

- 名称：山梨県オープンデータサイト
- URL：http://www.pref.yamanashi.jp/opendata/

▶ 長野県

- 名称：長野県オープンデータサイト
- URL：https://www.pref.nagano.lg.jp/joho/kensei/tokei/johoka/opendata/

▶ 岐阜県

- 名称：岐阜県オープンデータカタログサイト
- URL：http://gifu-opendata.pref.gifu.lg.jp/
- フォーマット：CSV、RDF

▶ 静岡県

- 名称：ふじのくにオープンデータカタログ
- URL：http://open-data.pref.shizuoka.jp/

- フォーマット：GISデータはShapefile、その他はCSV、PDFなど

▶ 愛知県
- 名称：愛知県オープンデータカタログ
- URL：https://www.pref.aichi.jp/life/7/
- フォーマット：CSV

▶ 三重県
- 名称：三重県オープンデータライブラリ
- URL：http://www.pref.mie.lg.jp/IT/HP/87579000001.htm

▶ 滋賀県
- 名称：滋賀県オープンデータカタログ
- URL：http://www.pref.shiga.lg.jp/c/it/opendata.html

▶ 京都府
- 名称：KYOTO DATASTORE
- URL：https://www.datastore.pref.kyoto.lg.jp/about/

▶ 大阪府
- 名称：大阪府オープンデータサイト
- URL：http://www.pref.osaka.lg.jp/kikaku_keikaku/opendata/

▶ 兵庫県
- 名称：ひょうごオープンデータカタログサイト
- URL：http://open-data.pref.hyogo.lg.jp/
- フォーマット：Shapefile、MDB

▶ 奈良県
- 名称：奈良県オープンデータカタログサイト
- URL：http://www.pref.nara.jp/44954.htm

▶ 和歌山県
- 名称：GitHubアカウント「Wakayama Prefecture」
- URL：https://wakayama-pref-org.github.io/

▶ 鳥取県
- 名称：Open Data Tottori
- URL：https://odp-pref-tottori.tori-info.co.jp/
- フォーマット：PDF、XLS、HTML など

▶ 島根県
- 名称：島根県オープンデータカタログサイト
- URL：https://www.pref.shimane.lg.jp/life/information/joho/densi_jichitai/opendata01.html

▶ 岡山県
- 名称：おかやまオープンデータカタログ
- URL：http://www.okayama-opendata.jp/opendatc/index.action

▶ 広島県
- 名称：広島県オープンデータライブラリ
- URL：https://www.pref.hiroshima.lg.jp/soshiki/9/opendata.html

▶ 山口県
- 名称：山口県オープンデータサイト
- URL：http://www.pref.yamaguchi.lg.jp/cms/a12600/opendata/opendata_index.html

▶ 徳島県
- 名称：徳島県オープンデータ（Our Open Data）
- URL：http://ouropendata.jp/

▶ 香川県
- 名称：香川県オープンデータ（Open Data KAGAWA）
- URL：https://opendata.pref.kagawa.lg.jp/

▶ 愛媛県
- 名称：愛媛県オープンデータサイト（試行版）
- URL：http://www.pref.ehime.jp/opendata/

▶ 高知県
- 名称：高知県オープンデータ
- URL：http://www.pref.kochi.lg.jp/opendata/

▶福岡県
- 名称：福岡県オープンデータサイト
- URL：https://www.open-governmentdata.org/fukuoka-pref/

▶佐賀県
- 名称：佐賀県オープンデータカタログサイト（ビッグデータ＆オープンデータ・イニシアティブ九州）
- URL：http://odcs.bodik.jp/410004/

▶長崎県
- 名称：長崎県オープンデータカタログサイト（ビッグデータ＆オープンデータ・イニシアティブ九州）
- URL：http://odcs.bodik.jp/420000/

▶熊本県
- 名称：熊本県オープンデータサイト
- URL：http://www.pref.kumamoto.jp/kiji_22038.html

▶大分県
- 名称：大分県オープンデータサイト
- URL：http://www.pref.oita.jp/site/oita-data-store/

▶宮崎県
- 名称：宮崎県オープンデータポータルサイト「Open Data Box」
- URL：http://opendata.pref.miyazaki.lg.jp/

▶鹿児島県
- 名称：鹿児島県オープンデータサイト
- URL：http://www.pref.kagoshima.jp/ac03/infra/info/opendata/

▶沖縄県
- 名称：沖縄県オープンデータカタログ（試行版）
- URL：http://www.pref.okinawa.jp/site/kikaku/joho/kikaku/opendata/opendata.html

B.2.2 広域連携機関・プロジェクト

複数の自治体が共同で運営または運営を委託しているオープンデータのサイトです。

▶ ALL311 まるごとアーカイブプロジェクト
- URL：http://map02.ecom-plat.jp/map/
- 参加自治体：陸前高田市、気仙沼市、釜石市

▶ OpenData 那須
- URL：http://opendata-nasu.opendatastack.jp/
- 参加自治体：那須塩原市、大田原市、那須町、那珂川町

▶ e あいち
- URL：http://www.e-aichi.jp/www/toppage/0000000000000/APM03000.html
- 参加自治体：名古屋市を除く愛知県の市町村
- 運営機関：あいち電子自治体推進協議会事務局　（愛知県振興部情報企画課内）

▶ 東三河オープンデータ
- URL：https://opendatatoyohashi.jp/
- 参加自治体：豊橋市、豊川市、蒲郡市、新城市、田原市、設楽町、東栄町、豊根村
- 運営機関：豊橋市

▶ data eye 高梁川流域圏データポータル
- URL：https://dataeye.jp/pages/catalog.html
- 参加自治体：倉敷市、笠岡市、井原市、総社市、高梁市、新見市、浅口市、早島町、里庄町、矢掛町
- 運営機関：一般社団法人 データクレイドル

▶ ビッグデータ＆オープンデータ・イニシアティブ九州
- URL：http://odcs.bodik.jp/
- 参加自治体：佐賀県、長崎県、宇部市、久留米市、大川市、小郡市、うきは市、大刀洗町、大木町、佐賀市
- 運営機関：公益財団法人 九州先端科学技術研究所

Appendix

B.2.3 市区町村

2018年8月現在、オープンデータの公開を明記している自治体の一覧です（**表B-1**）。これ以外にも各都道府県のサイトやLinkData.org（URL http://linkdata.org/）などの外部サイトにてデータを提供している自治体もあります。また、一部それらのサイトで配信されているデータと重複しているものもあります。

○表B-1　市区町村のオープンデータ関連サイト（2018年8月時点）

都道府県	自治体	URL
北海道	札幌市	https://data.pf-sapporo.jp/ ※札幌市ICT活用プラットフォーム　DATA-SMART CITY SAPPORO
	函館市	https://www.city.hakodate.hokkaido.jp/docs/2016072200055/ ※函館市オープンデータポータル
	小樽市	https://www.city.otaru.lg.jp/sisei_tokei/kojin_joho/open_deta/
	旭川市	http://www.city.asahikawa.hokkaido.jp/700/jouhouseisaku/jouhouseisaku004/d054760.html ※旭川市オープンデータライブラリ
	室蘭市	http://www.city.muroran.lg.jp/main/org2260/odlib.php ※むろらんオープンデータライブラリ
	茅部郡森町	http://www.town.hokkaido-mori.lg.jp/docs/2014101000027/ ※森町オープンデータポータル
	二海郡八雲町	http://www.town.yakumo.lg.jp/modules/jigyo/category0080.html
青森県	青森市	https://www.city.aomori.aomori.jp/joho-seisaku/opendata/opendata_portal.html ※青森市オープンデータポータルサイト
	弘前市	https://www.opendata-hirosaki.jp/ ※オープンデータひろさき
	八戸市	https://www.city.hachinohe.aomori.jp/index.cfm/8,0,35,516,html
	十和田市	http://www.city.towada.lg.jp/docs/2017121900018/ ※十和田市オープンデータ
岩手県	一関市	http://www.city.ichinoseki.iwate.jp/index.cfm/7,0,209,html ※一関市オープンデータ
宮城県	仙台市	http://www.city.sendai.jp/joho-kikaku/shise/security/kokai/dataportal.html ※仙台市オープンデータポータル
	石巻市	http://www.city.ishinomaki.lg.jp/cont/10182000/20161007130030.html
	登米市	http://www.city.tome.miyagi.jp/kikakuseisaku/opendata.html
	大崎市	http://www.city.osaki.miyagi.jp/index.cfm/10,24028,32,html
秋田県	秋田市	https://www.city.akita.lg.jp/opendata/
	横手市	http://www.city.yokote.lg.jp/sub01/cat8903.html
	湯沢市	http://www.city-yuzawa.jp/opendatatop/1813smf.html
山形県	山形市	https://www.city.yamagata-yamagata.lg.jp/opendeta/
	米沢市	http://www.city.yonezawa.yamagata.jp/1170.html

App B：データカタログ

都道府県	自治体	URL
福島県	福島市	https://www.city.fukushima.fukushima.jp/jouhouka-seisaku/shise/opendate.html ※福島市オープンデータ
	会津若松市	https://www.city.aizuwakamatsu.fukushima.jp/bunya/opendata/ ※ DATA for CITIZEN（http://www.data4citizen.jp/）で公開
	郡山市	https://www.city.koriyama.fukushima.jp/062000/opendata2016.html ※郡山市オープンデータサイト
	いわき市	http://www.city.iwaki.lg.jp/www/contents/1450754040684/
	喜多方市	https://www.city.kitakata.fukushima.jp/life/sub/10/23/123/
	西白河郡 西郷村	https://www.vill.nishigo.fukushima.jp/sonsei/tokei/toukeishiryo/ ※西郷村統計資料（オープンデータ）
茨城県	水戸市	http://www.city.mito.lg.jp/opendata_lib/ ※水戸市オープンデータライブラリ
	笠間市	http://www.city.kasama.lg.jp/page/page006070.html
	ひたちなか市	http://www.city.hitachinaka.lg.jp/template02/kaniod/ ※簡易オープンデータ
	神栖市	http://www.city.kamisu.ibaraki.jp/11287.htm ※神栖市オープンデータポータルサイト
	那賀郡東海村	https://www.vill.tokai.ibaraki.jp/viewer/genre2.html?id=94
栃木県	宇都宮市	http://www.city.utsunomiya.tochigi.jp/shisei/johokokai/opendata/1009935.html
	佐野市	http://www.city.sano.lg.jp/open/
	小山市	http://www.city.oyama.tochigi.jp/site/opendata/ ※小山市オープンデータ（試行版）
栃木県	真岡市	https://www.city.moka.lg.jp/toppage/soshiki/joho/opendata/
	さくら市	http://www.city.tochigi-sakura.lg.jp/site/opendata/
	塩谷郡 高根沢町	https://www.town.takanezawa.tochigi.jp/gyosei/tokei/opendata-jyunbi.html ※高根沢町オープンデータ
群馬県	前橋市	http://www.city.maebashi.gunma.jp/sisei/499/509/p012146.html ※前橋市オープンデータライブラリー
	桐生市	http://www.city.kiryu.lg.jp/opendata/
埼玉県	さいたま市	http://www.city.saitama.jp/006/008/002/014/
	熊谷市	http://www.city.kumagaya.lg.jp/about/opendata/
	川口市	https://www.city.kawaguchi.lg.jp/soshiki/01020/020/5/4512.html
	飯能市	https://www.city.hanno.lg.jp/article/detail/1760 ※埼玉県オープンデータポータルサイトで公開
	春日部市	https://www.city.kasukabe.lg.jp/shisei/tokei/opendata.html ※埼玉県オープンデータポータルサイトで公開
	鴻巣市	http://www.city.kounosu.saitama.jp/opendata/ ※鴻巣市オープンデータポータルサイト
	深谷市	http://www.city.fukaya.saitama.jp/soshiki/somu/johoshisutemu/tanto/1447976830574.html ※埼玉県オープンデータポータルサイトで公開

都道府県	自治体	URL
埼玉県	越谷市	https://www.city.koshigaya.saitama.jp/kurashi_shisei/shisei/data/opendata/koshigaya_contents_opendate.html ※埼玉県オープンデータポータルサイトで公開
	戸田市	https://www.city.toda.saitama.jp/life/7/59/248/ ※戸田市の風景、施設などの画像データ
	朝霞市	http://www.city.asaka.lg.jp/soshiki/5/opendataportal.html
	志木市	http://www.city.shiki.lg.jp/index.cfm/37,77922,145,581,html ※広報しきのオープンデータサービス「マイ広報紙」
	和光市	http://www.city.wako.lg.jp/home/shisei/_5745/_13903.html ※埼玉県オープンデータポータルサイトで公開
	新座市	http://www.city.niiza.lg.jp/soshiki/6/opendata.html ※埼玉県オープンデータポータルサイトで公開
	久喜市	http://www.city.kuki.lg.jp/shisei/tokei/opendata.html ※埼玉県オープンデータポータルサイトで公開
	北本市	http://www.city.kitamoto.saitama.jp/opendata/ ※北本市オープンデータポータルサイト
	富士見市	http://www.city.fujimi.saitama.jp/40shisei/04gyouseizaisei/2018-0515-1613-4.html ※埼玉県オープンデータポータルサイトで公開
	三郷市	http://www.city.misato.lg.jp/item/22739.htm ※埼玉県オープンデータポータルサイトで公開
	日高市	http://www.city.hidaka.lg.jp/information/1/2/3945.html ※埼玉県オープンデータポータルサイトで公開
	吉川市	https://www.city.yoshikawa.saitama.jp/index.cfm/27,66941,188,html ※埼玉県オープンデータポータルサイトで公開
	ふじみ野市	http://www.city.fujimino.saitama.jp/doc/2017122100080/ ※ふじみ野市オープンデータ
	入間郡 三芳町	https://www.town.saitama-miyoshi.lg.jp/town/chosa/opendata.html ※三芳町オープンデータ
	毛呂山町	http://www.town.moroyama.saitama.jp/www/contents/1486539417645/ ※埼玉県オープンデータポータルサイトで公開
	鳩山町	http://www.town.hatoyama.saitama.jp/gyosei/data/1486685324216.html ※埼玉県オープンデータポータルサイトで公開
	東秩父村	https://www.vill.higashichichibu.saitama.jp/life/5/28/122/ ※埼玉県オープンデータポータルサイトで公開
	上里町	http://www.town.kamisato.saitama.jp/2901.htm ※埼玉県オープンデータポータルサイトで公開
	杉戸町	https://www.town.sugito.lg.jp/cms/page10134.html ※埼玉県オープンデータポータルサイトで公開
千葉県	千葉市	https://www.city.chiba.jp/somu/joho/kaikaku/chibadataportal-top.html ※ちばDataポータル
	市川市	http://www.city.ichikawa.lg.jp/pla01/opendata.html
	船橋市	http://www.city.funabashi.lg.jp/shisei/toukei/002/opendata.html ※ふなばしデータカタログ

都道府県	自治体	URL
千葉県	木更津市	http://www.city.kisarazu.lg.jp/14,45452,50,305.html
	松戸市	https://www.city.matsudo.chiba.jp/shisei/keikaku-kousou/opendata/
	野田市	http://www.city.noda.chiba.jp/shisei/johokoukai/opendata/
	茂原市	http://www.city.mobara.chiba.jp/0000004377.html ※茂原市オープンデータライブラリ
	習志野市	http://www.city.narashino.lg.jp/joho/keikaku/soumu/open-data.html
	柏市	http://www.city.kashiwa.lg.jp/soshiki/020800/p040681.html
	市原市	https://www.city.ichihara.chiba.jp/joho/toukei/opendata/opendatacatalog.html ※市原市オープンデータ
	流山市	http://www.city.nagareyama.chiba.jp/opendata/
	浦安市	http://www.city.urayasu.lg.jp/shisei/keikaku/1022110/
	袖ケ浦市	https://www.city.sodegaura.lg.jp/soshiki/gyosei/opendata-catalog.html
	印西市	http://www.city.inzai.lg.jp/0000004803.html
東京都	千代田区	https://www.city.chiyoda.lg.jp/koho/kuse/homepage/open-data.html
	中央区	http://www.city.chuo.lg.jp/kusei/statisticaldata/opendata.html ※中央区オープンデータ
	港区	https://www.city.minato.tokyo.jp/ictsuishintan/opendata/ ※港区オープンデータ
	新宿区	http://www.city.shinjuku.lg.jp/kusei/joho01_002008.html ※新宿区オープンデータポータル
	文京区	http://www.city.bunkyo.lg.jp/view.php?pageId=25490 ※オープンデータBUNKYO
	台東区	https://www.city.taito.lg.jp/index/kusei/opendata/
	墨田区	https://www.city.sumida.lg.jp/kuseijoho/sumida_info/opendata/
	品川区	http://www.city.shinagawa.tokyo.jp/PC/kuseizyoho/kuseizyoho-opendate/
	目黒区	http://www.city.meguro.tokyo.jp/gyosei/hirakareta/opendata/ ※目黒区オープンデータ
	世田谷区	http://www.city.setagaya.lg.jp/kurashi/107/165/831/d00136348.html ※世田谷区オープンデータポータルページ
	杉並区	http://www.city.suginami.tokyo.jp/opendata/
	豊島区	https://www.city.toshima.lg.jp/020/kuse/electronic/open-data/1511041608.html
	板橋区	http://www.city.itabashi.tokyo.jp/c_categories/index01001019.html
	練馬区	http://www.city.nerima.tokyo.jp/kusei/tokei/opendata/opendatasite/ ※練馬区オープンデータサイト
	足立区	https://www.city.adachi.tokyo.jp/ku/koho/opendata/
	江戸川区	https://www.city.edogawa.tokyo.jp/kuseijoho/open-data/ ※江戸川区オープンデータ
	八王子市	http://www.city.hachioji.tokyo.jp/contents/open/
	三鷹市	http://www.city.mitaka.tokyo.jp/c_categories/index05003007.html
	府中市	https://www.city.fuchu.tokyo.jp/gyosei/opendata/

Appendix

都道府県	自治体	URL
東京都	調布市	http://www.city.chofu.tokyo.jp/www/genre/0000000000000/1415777807513/
	町田市	http://www.city.machida.tokyo.jp/shisei/opendata/
	小平市	https://www.city.kodaira.tokyo.jp/kurashi/059/059933.html ※試行公開
	日野市	http://www.city.hino.lg.jp/opendata/
	東村山市	https://www.city.higashimurayama.tokyo.jp/shisei/keikaku/joho/opendata/
	国分寺市	http://www.city.kokubunji.tokyo.jp/shisei/torikumi/1018253.html ※試行公開
	福生市	http://www.city.fussa.tokyo.jp/municipal/outline/opendata/
	清瀬市	https://www.city.kiyose.lg.jp/070/200/
	武蔵村山市	http://www.city.musashimurayama.lg.jp/opendata/
	多摩市	http://www.city.tama.lg.jp/category/2-10-0-0-0.html
	稲城市	https://www.city.inagi.tokyo.jp/shisei/gyosei/opendata/
	三宅村	http://www.soumu.metro.tokyo.jp/14miyake/miyakehp/opendata/opendata.html
	八丈町	http://www.town.hachijo.tokyo.jp/kakuka/kikaku_zaisei/kizai_opendata.html
神奈川県	横浜市	http://www.city.yokohama.lg.jp/ex/stat/opendata/ ※OPEN DATA 統計横浜
	横浜市西区	http://www.city.yokohama.lg.jp/nishi/opendata/
	横浜市 金沢区	http://www.city.yokohama.lg.jp/kanazawa/kz-opendata/kz-opendata.html ※金沢区データポータル
	横浜市 港北区	http://www.city.yokohama.lg.jp/kohoku/opendata/ ※港北区オープンデータ
	横浜市 青葉区	http://www.city.yokohama.lg.jp/aoba/50kusei/od/ ※横浜市青葉区オープンデータ
	横浜市 都筑区	http://www.city.yokohama.lg.jp/tsuzuki/soumu/toukei/opendata.html ※統計で見るつづき
	川崎市	http://www.city.kawasaki.jp/shisei/category/51-7-0-0-0-0-0-0-0.html
	相模原市	http://www.city.sagamihara.kanagawa.jp/shisei/opendata/ ※相模原市オープンデータ
	横須賀市	https://www.city.yokosuka.kanagawa.jp/0830/opendata/ ※横須賀市オープンデータライブラリ
	平塚市	http://www.city.hiratsuka.kanagawa.jp/keikaku/page-c_00951.html ※平塚市オープンデータライブラリ
	鎌倉市	https://www.city.kamakura.kanagawa.jp/opendata/opendata.html ※鎌倉市オープンデータポータル
	藤沢市	http://www.city.fujisawa.kanagawa.jp/joho006/shise/kekaku/kakushu/datalibrary.html ※藤沢市オープンデータライブラリ
	茅ヶ崎市	http://www.city.chigasaki.kanagawa.jp/jyohosuishin/1009746.html ※茅ヶ崎市　オープンデータライブラリ
	逗子市	http://www.city.zushi.kanagawa.jp/syokan/jouhou/opendata.html ※逗子市オープンデータ・ポータル

都道府県	自治体	URL
神奈川県	三浦市	http://www.city.miura.kanagawa.jp/toukeijyouhou/opendataportal.html ※三浦市オープンデータポータル
	秦野市	http://www.city.hadano.kanagawa.jp/www/contents/1505208576337/ ※秦野市オープンデータライブラリ
	厚木市	https://www.city.atsugi.kanagawa.jp/shisei/15001/opendata/ ※厚木市オープンデータポータルサイト
	大和市	http://www.city.yamato.lg.jp/web/jyoho/opendatachitendata.html
	海老名市	http://www.city.ebina.kanagawa.jp/shisei/denshi/opendata/1004082.html ※海老名市オープンデータライブラリ
	座間市	http://www.city.zama.kanagawa.jp/www/genre/0000000000000/1511919234048/
	綾瀬市	https://www.city.ayase.kanagawa.jp/hp/page000028100/hpg000028050.htm ※綾瀬市オープンデータ
	三浦郡葉山町	https://www.town.hayama.lg.jp/chousei/5822.html
	足柄上郡大井町	https://www.town.oi.kanagawa.jp/life/sub/11/
	愛甲郡愛川町	http://www.town.aikawa.kanagawa.jp/info/opendata/1512548808603.html ※愛川町オープンデータ
新潟県	新潟市	http://www.city.niigata.lg.jp/shisei/seisaku/it/open-data/ ※新潟市オープンデータ
	長岡市	http://www.city.nagaoka.niigata.jp/shisei/cate10/ ※長岡市オープンデータ
新潟県	三条市	http://www.city.sanjo.niigata.jp/joho/page00160.html ※三条市オープンデータ
	新発田市	http://www.city.shibata.lg.jp/machidukuri/opendata/1006291.html ※新発田市オープンデータ
	十日町市	http://www.city.tokamachi.lg.jp/shisei_machidukuri/F022/F028/1454068614755.html
	見附市	http://www.city.mitsuke.niigata.jp/11721.htm
	燕市	http://www.city.tsubame.niigata.jp/tool/opendata.html ※燕市データサイト
	糸魚川市	http://www.city.itoigawa.lg.jp/5848.htm
	妙高市	http://www.city.myoko.niigata.jp/formunicipal/3189.html ※妙高市オープンデータ
	上越市	http://www.city.joetsu.niigata.jp/soshiki/soumukanri/open-data-portal.html
富山県	富山市	http://www.city.toyama.toyama.jp/kikakukanribu/johotokeika/opundeta_2.html
	高岡市	https://www.city.takaoka.toyama.jp/joho/shise/opendata/info.html
	魚津市	http://www.city.uozu.toyama.jp/guide/svGuideDtl.aspx?servno=13031&topkb=C ※魚津市オープンデータ
	砺波市	https://www.city.tonami.toyama.jp/info/1411533258.html ※砺波市オープンデータ
	南砺市	http://opendata.city.nanto.toyama.jp/ ※南砺市オープンデータカタログ

Appendix

都道府県	自治体	URL
石川県	金沢市	https://www4.city.kanazawa.lg.jp/11010/opendata/ ※金沢市オープンデータポータル
	七尾市	http://www.city.nanao.lg.jp/koho/shise/koho/opendata/ ※七尾市オープンデータライブラリー
	珠洲市	http://www.city.suzu.lg.jp/soumu/opendata_
	加賀市	http://opendata-portal.city.kaga.ishikawa.jp/www/ ※加賀市オープンデータポータルサイト
	白山市	http://www.city.hakusan.lg.jp/kikakusinkoubu/jouhoutoukei/open_data/opendata_sisetsu.html ※施設オープンデータ
	能美市	http://www.city.nomi.ishikawa.jp/chiiki/NomiVitalization/opendata.html
	野々市市	https://www.city.nonoichi.lg.jp/hisyo/opendata/opendata_top.html
	河北郡津幡町	http://www.town.tsubata.ishikawa.jp/soshiki/kikakuzaisei/toukei_opendata.html
	河北郡内灘町	http://www.town.uchinada.lg.jp/webapps/www/service/detail.jsp?id=7789
	鳳珠郡穴水町	http://www.town.anamizu.ishikawa.jp/seisaku/anamizu_opendata.html
福井県	福井市	http://www.city.fukui.lg.jp/sisei/tokei/opendata/opengov.html ※福井市オープンデータパーク
	敦賀市	http://www.city.tsuruga.lg.jp/about_city/tokei_nenpo/opendata.html ※敦賀市オープンデータ
	小浜市	http://www1.city.obama.fukui.jp/category/page.asp?Page=2690 ※福井県オープンデータライブラリ（県・県内17市町共同公開データ）
福井県	勝山市	http://www.city.katsuyama.fukui.jp/docs/page/index.php?cd=4080 ※勝山市オープンデータ
	鯖江市	http://data.city.sabae.lg.jp/ ※Data City Sabae
	あわら市	http://www.city.awara.lg.jp/mokuteki/cityinfo/cityinfo01/cityinfo0101/p005408.html ※福井県オープンデータライブラリ（県・県内17市町共同公開データ）
	越前市	http://www.city.echizen.lg.jp/office/010/021/open-data-echizen.html ※オープンデータ越前
	坂井市	http://www.city.fukui-sakai.lg.jp/kikaku/shisei/joho/opendata/sakaishi-opendata.html ※坂井市オープンデータ
	永平寺町	https://www.town.eiheiji.lg.jp/900/905/p002092.html
	池田町	http://www.town.ikeda.fukui.jp/gyousei/gyousei/1937/p001503.html ※jig.jpで公開
	南越前町	http://www.town.minamiechizen.lg.jp/tyousei/709/p001855.html ※福井県オープンデータライブラリ（県・県内17市町共同公開データ）
	越前町	http://www.town.echizen.fukui.jp/chousei/05/04/p003163.html ※福井県オープンデータライブラリ（県・県内17市町共同公開データ）
	美浜町	http://www.town.mihama.fukui.jp/www/info/detail.jsp?id=3521 ※福井県オープンデータライブラリ（県・県内17市町共同公開データ）

都道府県	自治体	URL
福井県	高浜町	http://www.town.takahama.fukui.jp/page/soumuka/densi/opendatah261027.html ※福井県オープンデータライブラリ（県・県内17市町共同公開データ）
	おおい町	http://www.town.ohi.fukui.jp/1002/1210/101/p13346.html ※福井県オープンデータライブラリ（県・県内17市町共同公開データ）
	若狭町三方庁舎	http://www.town.fukui-wakasa.lg.jp/town/category/page.asp?Page=1267 ※福井県オープンデータライブラリ（県・県内17市町共同公開データ）
山梨県	甲府市	https://www.city.kofu.yamanashi.jp/joho/opendata/
	甲斐市	https://www.city.kai.yamanashi.jp/docs/2016071900055/ ※広報「甲斐」オープンデータ
長野県	長野市	https://www.city.nagano.nagano.jp/site/opendata/ ※長野市オープンデータ（LinkData.orgへのリンク）
	上田市	https://www.city.ueda.nagano.jp/joho/shise/toke/data/opendata.html
	岡谷市	http://www.city.okaya.lg.jp/site/opendata/ ※岡谷市オープンデータサイト「LinkData」および「ArcGIS Open Data」
	須坂市	https://opendata.city.suzaka.nagano.jp/ ※須坂市オープンデータサイト
	伊那市	http://www.inacity.jp/shisei/johokokai/inacityopendata.html
	駒ヶ根市	http://www.city.komagane.nagano.jp/index.php?ci=10850&i=15536 ※こまがねオープンデータライブラリ
	中野市	http://www.city.nakano.nagano.jp/docs/opendata/
	塩尻市	http://www.city.shiojiri.lg.jp/gyosei/shisaku/johoka/kk144020150928.html
長野県	上伊那郡辰野町	http://www.town.tatsuno.nagano.jp/opendata.html ※辰野町オープンデータ
岐阜県	大垣市	http://www.city.ogaki.lg.jp/0000020945.html ※大垣市オープンデータ
	関市	https://www.city.seki.lg.jp/0000010802.html
	羽島市	http://www.city.hashima.lg.jp/0000006330.html
	可児市	http://www.city.kani.lg.jp/12301.htm
静岡県	静岡市	http://open.city.shizuoka.jp/ ※シズオカ　オープンデータ　ポータル
	浜松市	https://www.city.hamamatsu.shizuoka.jp/koho2/opendata/
	三島市	https://www.city.mishima.shizuoka.jp/ipn017227.html ※三島市オープンデータ
	島田市	https://www.city.shimada.shizuoka.jp/jouhou/opendata.html ※島田市オープンデータ
	富士市	http://www.city.fuji.shizuoka.jp/shisei/c1502/rn2ola000000t5cq.html
	磐田市	https://www.city.iwata.shizuoka.jp/shisei/opendata.php ※ふじのくにオープンデータカタログで公開
	焼津市	https://www.city.yaizu.lg.jp/g02-006/opendata.html ※ふじのくにオープンデータカタログで公開

都道府県	自治体	URL
静岡県	掛川市	http://www.city.kakegawa.shizuoka.jp/city/jyohosuishin/seisaku/opendata/opendata_kakegawa.html ※OPEN DATA KAKEGAWA
	袋井市	http://www.city.fukuroi.shizuoka.jp/kurashi/kurashi_tetsuzuki/johoka/opendate/
	裾野市	http://www.city.susono.shizuoka.jp/shisei/9/1/ ※ふじのくにオープンデータカタログで公開
	湖西市	http://www.city.kosai.shizuoka.jp/6862.htm
	伊豆市	http://www.city.izu.shizuoka.jp/gyousei/gyousei_detail007552.html ※伊豆市オープンデータ
	御前崎市	https://www.city.omaezaki.shizuoka.jp/kurashi/shisei/joho_kojinjoho/johoseisaku/opendatalist.html ※ふじのくにオープンデータカタログで公開
	菊川市	https://www.city.kikugawa.shizuoka.jp/hishokoho/opendata.html ※ふじのくにオープンデータカタログで公開
	伊豆の国市	https://www.city.izunokuni.shizuoka.jp/system/opendata/opendata.html ※伊豆の国市オープンデータ
	駿東郡 小山町	http://www.fuji-oyama.jp/index_shisetsu_opendata.html ※「公共施設のオープンデータの公表について」
	榛原郡川根本町	http://www.town.kawanehon.shizuoka.jp/chosei/10/2/2994.html
愛知県	名古屋市	http://www.city.nagoya.jp/shisei/category/388-0-0-0-0-0-0-0-0.html
	岡崎市	http://www.city.okazaki.lg.jp/1550/1553/208000/p015630.html
	一宮市	http://www.city.ichinomiya.aichi.jp/opendata/ ※一宮市オープンデータカタログサイト
	瀬戸市	http://www.city.seto.aichi.jp/docs/2017071500016/
	半田市	http://www.city.handa.lg.jp/shise/johoseisaku/opendata/
	春日井市	http://www.city.kasugai.lg.jp/shisei/gyousei/jouhoukoukai/opendata/
	碧南市	http://www.city.hekinan.aichi.jp/opendata/index.htm ※碧南市オープンデータ
	刈谷市	https://www.city.kariya.lg.jp/shisei/opendata/
	豊田市	http://www.city.toyota.aichi.jp/shisei/tokei/ ※Web統計とよた
	安城市	https://www.city.anjo.aichi.jp/shisei/opendata/opendata-
	西尾市	http://www.city.nishio.aichi.jp/index.cfm/10,0,105,686,html ※西尾市オープンデータライブラリ
	犬山市	http://www.city.inuyama.aichi.jp/shisei/toukei/1004741/
	江南市	http://www.city.konan.lg.jp/chiiki_kyodo/opendata/opendata.html
	小牧市	http://www.city.komaki.aichi.jp/admin/jigyousha/opendata/
	東海市	http://www.city.tokai.aichi.jp/16369.htm ※東海市オープンデータ
	知多市	https://www.city.chita.lg.jp/docs/2016052400062/
	知立市	http://www.city.chiryu.aichi.jp/shisei/opendata/1451813538835.html ※知立市オープンデータ

App B：データカタログ

都道府県	自治体	URL
愛知県	尾張旭市	https://www.city.owariasahi.lg.jp/sisei/data/opendata.html
	高浜市	http://www.city.takahama.lg.jp/grpbetu/seisaku/shigoto/opendate/ ※高浜市のオープンデータ
	岩倉市	http://www.city.iwakura.aichi.jp/0000002334.html ※岩倉市オープンデータ
	豊明市	https://www.city.toyoake.lg.jp/2919.htm
	日進市	http://www.city.nisshin.lg.jp/seisaku/opendata/ ※オープンデータミュージアム
	みよし市	http://www.city.aichi-miyoshi.lg.jp/shisei/opendata/ ※みよし市オープンデータカタログ
	長久手市	https://www.city.nagakute.lg.jp/jyouhou/opendata.html
	愛知郡 東郷町	https://www.town.aichi-togo.lg.jp/kikaku/toukei/chousei/toukei/od/od2.html ※オープンデータTOGO
	知多郡東浦町	http://www.town.aichi-higashiura.lg.jp/gyosei/opendata/
三重県	津市	http://www.info.city.tsu.mie.jp/www/contents/1001000000855/ ※津市オープンデータライブラリ「みんなのデータ」
	四日市市	http://www.city.yokkaichi.lg.jp/www/contents/1001000000271/ ※オープンデータよっかいち
三重県	伊勢市	http://www.city.ise.mie.jp/14504.htm ※伊勢市オープンデータライブラリ
	桑名市	http://www.opendata.city.kuwana.lg.jp/ ※桑名市オープンデータポータルサイト
	いなべ市	http://www.city.inabe.mie.jp/opendata/
	志摩市	https://www.city.shima.mie.jp/opendate/
	度会郡 玉城町	https://kizuna.town.tamaki.mie.jp/bosaibohan/bosai/syobousuiriopendate.html ※消防水利（消火栓・防火水槽）の位置情報などを伊勢市オープンデータライブラリに公開
滋賀県	大津市	http://www.city.otsu.lg.jp/opendata/ ※大津市オープンデータポータルサイト
	長浜市	http://www.city.nagahama.lg.jp/0000000798.html ※長浜市オープンデータ
	草津市	http://www.city.kusatsu.shiga.jp/shisei/joho0211.html ※草津市オープンデータ
	甲賀市	http://www.city.koka.lg.jp/opendata/
京都府	京都市	https://data.city.kyoto.lg.jp/ ※KYOTO OPEN DATA
	亀岡市	https://www.city.kameoka.kyoto.jp/densan/opendata/policy.html ※予定
	長岡京市	http://www.city.nagaokakyo.lg.jp/0000006819.html ※長岡京市オープンデータ
大阪府	大阪市	https://data.city.osaka.lg.jp/ ※大阪市オープンデータポータルサイト

Appendix

都道府県	自治体	URL
大阪府	堺市	http://www.city.sakai.lg.jp/shisei/gyosei/open_data/ ※堺市オープンデータ
	岸和田市	https://www.city.kishiwada.osaka.jp/life/7/
	泉大津市	http://www.city.izumiotsu.lg.jp/shisei/opendata/
	高槻市	http://www.city.takatsuki.osaka.jp/kakuka/soumu/itseisak/gyomuannai/opendata/opendata.html
	枚方市	http://www.city.hirakata.osaka.jp/category/6-15-0-0-0.html
	茨木市	http://opendata.city.ibaraki.osaka.jp/
	河内長野市	http://www.city.kawachinagano.lg.jp/kakuka/soumu/soumu/gyoumu/1482815912049.html
	大東市	http://www.city.daito.lg.jp/kakukakaranoosirase/seisakusushin/kikakukeiei/opendata/
	東大阪市	https://www.city.higashiosaka.lg.jp/0000019138.html ※東大阪市オープンデータページ
	交野市	https://www.city.katano.osaka.jp/categories/bunya/joho/tokei/
兵庫県	神戸市	https://data.city.kobe.lg.jp/ ※ Open Data Kobe
	姫路市	http://www.city.himeji.hyogo.jp/s20/2212162/_45171/_45173.html
兵庫県	尼崎市	http://www.city.amagasaki.hyogo.jp/shisei/kansa_joho/joho_kojin/1008392/1008393.html
	西宮市	https://www.nishi.or.jp/shisei/johokokai/opendata.html ※にしのみやオープンデータサイト
	芦屋市	http://www.city.ashiya.lg.jp/jouhou/opendata.html
	加古川市	https://www.opendata-kakogawa.jp/ ※加古川市オープンデータカタログサイト
	宝塚市	http://www.city.takarazuka.hyogo.jp/1014984/ ※宝塚市オープンデータページ
	高砂市	http://www.city.takasago.hyogo.jp/index.cfm/19,0,184,1031,html ※高砂市オープンデータ
	川西市	http://www.city.kawanishi.hyogo.jp/shiseijoho/gyozaisei/1004034.html
	三田市	http://www.city.sanda.lg.jp/shiseijouhou/sonohoka/opendata/
奈良県	奈良市	http://www.city.nara.lg.jp/www/contents/1400827150843/ ※奈良市オープンデータカタログ
	大和郡山市	https://www.city.yamatokoriyama.nara.jp/govt/torikumi/jigyou/005070.html ※大和郡山市オープンデータ
	天理市	http://www.city.tenri.nara.jp/kakuka/soumubu/jouhouseisakuka/1425528872138.html
	生駒市	http://www.city.ikoma.lg.jp/opendata/0opendata_1.html ※生駒市オープンデータポータルサイト
	葛城市	http://www.city.katsuragi.nara.jp/index.cfm/21,16780,68,html ※葛城市オープンデータ
	宇陀市	https://www.city.uda.nara.jp/kouhoujouhou/databank/od.html

都道府県	自治体	URL
奈良県	磯城郡三宅町	https://www.town.miyake.lg.jp/opendata/opendata.html
和歌山県	海南市	http://www.city.kainan.lg.jp/business/1411525750773.html
	橋本市	http://www.city.hashimoto.lg.jp/shisei/hashimotoshinitsuite/toukei/opendata/ ※橋本市オープンデータカタログ
鳥取県	鳥取市	http://www.city.tottori.lg.jp/www/contents/1484885510512/ ※鳥取県オープンデータポータルサイトで公開
島根県	松江市	http://ntoukei.city.matsue.shimane.jp/ ※松江市統計情報データベース
	出雲市	https://izumo.mykoho.jp/ ※マイ広報いずも
	安来市	https://www.city.yasugi.shimane.jp/shisei/tokei/opendata/
岡山県	玉野市	http://www.city.tamano.lg.jp/bunya/gyousei_14/
	苫田郡 鏡野町	http://www.town.kagamino.lg.jp/?p=85331 ※鏡野町オープンデータ
	勝田郡 勝央町	http://www.town.shoo.lg.jp/organization/organization02/558?pre=1 ※勝央町オープンデータ
	勝田郡奈義町	http://www.town.nagi.okayama.jp/gyousei/opendata/opendata.html
岡山県	久米郡久米南町	http://www.town.kumenan.okayama.jp/administration/toukei_opendata/
広島県	広島市	http://www.city.hiroshima.lg.jp/www/opendatamain/ ※広島市オープンデータ
	呉市	https://www.city.kure.lg.jp/soshiki/36/opendata- ※呉市オープンデータ
	福山市	http://www.city.fukuyama.hiroshima.jp/site/opendata/
	東広島市	http://www.city.higashihiroshima.lg.jp/opendata/ ※東広島市オープンデータポータルサイト
山口県	山口市	http://aac-omap.com/ygmapdoc/?page_id=44 ※オープンマップ@山口市
	防府市	http://www.city.hofu.yamaguchi.jp/soshiki/7/opendatatorikumi.html
	光市	https://www.city.hikari.lg.jp/jyouhou/opendata.html ※光市オープンデータ
	周南市	https://www.city.shunan.lg.jp/soshiki/8/2954.html ※周南市オープンデータ
	山陽小野田市	https://www.city.sanyo-onoda.lg.jp/soshiki/9/open-data.html
徳島県	徳島市	http://opendata.city.tokushima.tokushima.jp/ ※徳島市オープンデータカタログサイト
香川県	高松市	http://www.city.takamatsu.kagawa.jp/kurashi/shinotorikumi/opendata/takamatsu/ ※オープンデータ高松
	丸亀市	https://www.city.marugame.lg.jp/itwinfo/i28373/ ※統計時系列データ
	東かがわ市	https://www.higashikagawa.jp/itwinfo/i7512/

Appendix

都道府県	自治体	URL
愛媛県	松山市	https://www.city.matsuyama.ehime.jp/shisei/opendata/top.html ※松山市オープンデータサイト
	今治市	http://www.city.imabari.ehime.jp/opendata/
	新居浜市	http://www.city.niihama.lg.jp/site/opendata/ ※新居浜市オープンデータライブラリ
愛媛県	西予市	http://www.city.seiyo.ehime.jp/shisei/toukei_opendata/
福岡県	北九州市	https://www.open-governmentdata.org/kitakyushu-city/ ※北九州市オープンデータ
	福岡市	https://www.open-governmentdata.org/fukuoka-city/ ※福岡市オープンデータ
佐賀県	鳥栖市	http://www.city.tosu.lg.jp/5726.htm ※鳥栖市オープンデータ
	伊万里市	http://www.city.imari.saga.jp/opendata/
	武雄市	http://www.city.takeo.lg.jp/toukei/
長崎県	佐世保市	http://sasebo.machi-opendata.jp/ ※佐世保市オープンデータポータルサイト
熊本県	熊本市	https://www.city.kumamoto.jp/opendata/pub/Default.aspx?c_id=38
大分県	大分市	http://www.city.oita.oita.jp/shisejoho/johohogo/opendata/ ※大分市オープンデータ
宮崎県	日南市	http://www.city.nichinan.lg.jp/main/page011984.html ※宮崎県オープンデータポータルサイトで公開
鹿児島県	鹿児島市	https://www.city.kagoshima.lg.jp/jousys/opendata.html ※鹿児島市オープンデータ
	出水市	https://www.city.kagoshima-izumi.lg.jp/shisei/sankaku/opendata/ ※（ページのみ）
	肝属郡 東串良町	http://www.higashikushira.com/categories/kubun/opendata/ ※（ページのみ）
沖縄県	石垣市	http://www.city.ishigaki.okinawa.jp/matome/shima.html#dl ※島人ぬ宝さがしプロジェクト
	浦添市	http://www.city.urasoe.lg.jp/docs/2014111100069/ ※浦添市オープンデータ
	豊見城市	http://www.city.tomigusuku.okinawa.jp/municipal_government/4338 ※豊見城市オープンデータ
	島尻郡 与那原町	https://yonabaru.okinawa/opendata/ ※YONABARU LIBRARY

B.3 海外のサイト

Natural EarthやLandsat衛星画像など、国外から入手可能なデータの中でも代表的なものです。

B.3.1 Natural Earth

- URL：http://www.naturalearthdata.com/
- 配布データ：Natural Earth各種データ

B.3.2 International Steering Committee for Global Mapping（ISCGM）

- URL：http://www.iscgm.org/
- 配布データ：各国の地球地図データ。地球地図データについて国土地理院の紹介サイト（http://www.gsi.go.jp/kankyochiri/globalmap.html）に説明があります。また、国土地理院の地球地図サイトでは日本が作成している地球地図データ（土地被覆と樹木被覆率）もダウンロードできます。地球地図は基本的には無償で利用できますが、各国のデータポリシーに従っています。利用にあたってはデータポリシーを確認しておきましょう。

B.3.3 NASA's Earth Observing System Data And Information System（EOSDIS）

- URL：https://earthdata.nasa.gov/
- 配布データ：NASAの地球観測ミッションおよび地球科学データ。具体的には衛星や航空機などから得られた地球観測データと、それらのデータを解析して得られた高度解析データを配布しています。

B.3.4 アメリカ地質調査所：USGS

- URL：http://www.usgs.gov/
- 配布データ：Landsat、ASTERなどの衛星画像をはじめとした遠隔探査画像データ、およびGTOPO30などの地形データ、水文データなど多数のデータセットを配布しています。

B.3.5 LAND PROCESSED DISTRIBUTED ACTIVE ARCHIVE CENTER：LP DAAC

- URL：https://lpdaac.usgs.gov/
- 配布データ：ASTER各種プロダクト、SRTM、MODIS各種プロダクトなどの観測データ。

B.3.6 アメリカ海洋大気庁：NOAA

- URL：http://www.noaa.gov/
- 配布データ：NOAA Comprehensive Large Array-Data Stewardship System（CLASS：http://www.nsof.class.noaa.gov/saa/products/welcome）では気象衛星Suomi NPP衛星などNOAAが運用している衛星が搭載している観測画像のほか、高度に処理された気象データなどを配布しています。

B.3.7 NOAA National Geophysical Data Center（NOAA NGDC）

- URL：http://www.ngdc.noaa.gov/ngdc.html
- 配布データ：NOAAが管理、生産している地球物理学的データ。ETOPO画像データも http://www.ngdc.noaa.gov/mgg/global/global.html で配布しています。

B.3.8 CGIAR CSI（国際農業研究協議グループ）

- URL：http://www.cgiar-csi.org/
- 配布データ：全世界の気候データ、水文データ、およびSRTM地形データ。

B.3.9 Global Land Cover Facility：GLCF（メリーランド大学）

- URL：http://www.landcover.org/、http://glcf.umd.edu/data/
- 配布データ：SRTM、MODISなどの地球観測データ、およびそれらのデータをもとにして生成された全世界の土地被覆データ、植生データなどを配布しています。プロダクト毎に利用許諾が設定されています。

B.3.10 OPENDEM

- URL：http://www.opendem.info/
- 配布データ：SRTM地形データ。

B.3.11 Harmonized World Soil Database

- URL：http://webarchive.iiasa.ac.at/Research/LUC/External-World-soil-database/
- 配布データ：全地球の地質データ、地形データ、土地利用／土地被覆データなど。

B.3.12 National Snow & Ice Data Center（NSIDC）

- URL：http://nsidc.org/
- 配布データ：全地球の雪氷、気候関連データ、土地／地質関連データほか。

B.3.13 WorldClim - Global Climate Data

- URL：http://www.worldclim.org/
- 配布データ：気候関連データ。

B.3.14 アメリカ疾病予防管理センター（CDC.gov）EPI info

- URL：http://wwwn.cdc.gov/epiinfo/
- 配布データ：各国の州界、県境などの境界データ。

B.4 配信地図

本書内での使用した配信地図の一覧です。

B.4.1 Finds.jp

- 提供機関：国立研究開発法人 農業・食品産業技術総合研究機構 西日本農業研究センター 営農生産体系研究領域
- URL：https://www.finds.jp/index.html.ja
- URL（WMS）：http://www.finds.jp/ws/wms.php?
- URL（WCS）：http://www.finds.jp/ws/wcs.php?

B.4.2 歴史的農業環境WMS配信サービス

- 提供機関：国立研究開発法人 農業・食品産業技術総合研究機構 農業環境変動研究センター
- URL：http://habs.dc.affrc.go.jp/
- URL（WMS）：Finds.jp地図画像配信サービスのWMSレイヤとして配信

B.4.3 地質情報配信サービス

- 提供機関：国立研究開発法人 産業技術総合研究所
- URL：https://www.gsj.jp/HomePageJP.html
- URL（配信データ一覧）：https://gbank.gsj.jp/owscontents/

B.4.4 地理院タイル

- 提供機関：国土地理院
- URL：https://maps.gsi.go.jp/
- URL（配信データ一覧）：https://maps.gsi.go.jp/development/ichiran.html

B.4.5 エコリス地図タイル

- 提供機関：㈱エコリス
- URL：http://map.ecoris.info/

B.4.6 オープンストリートマップ

- 提供機関：OpenStreetMap Foundation
- URL：http://www.openstreetmap.org/

B.4.7 USGS The National Map

- 提供機関：アメリカ地質調査所（USGS）
- URL：https://nationalmap.gov/
- URL（WMS）：https://lpdaacsvc.cr.usgs.gov/ogc/wms

B.4.8 MIERUNE地図

- 提供機関：㈱MIERUNE
- URL：https://mierune.co.jp/

B.5 データポータルサイト

データポータルサイトの一覧です。

B.5.1 DATA.go.jp

- 運用機関：内閣官房情報通信技術総合戦略室（委託先：日本ユニシス㈱）
- URL：http://www.data.go.jp/

B.5.2 Linked Open Data Initiative

- 運営機関：特定非営利活動法人 リンクト・オープン・データ・イニシアティ
- URL：http://linkedopendata.jp/

B.5.3 LinkData.org

- 運営機関：一般社団法人 リンクデータ
- URL：http://linkdata.org/

B.5.4 G空間情報センター

- 運営機関：一般社団法人 社会基盤情報流通推進協議会
- URL：https://www.geospatial.jp/

B.5.5 オープンデータ浜名湖

- URL：https://open.kosai.org/

B.5.6 ODPデータカタログ

- 運営機関：㈱B Inc.
- URL：http://ckan.odp.jig.jp/

B.5.7 オープンデータ ジャパン

- 運営機関：葛城 和彦氏（個人）
- URL：http://opd.opendata-japan.com/

索引

記号／数字
.csvt（拡張子） …………………………… 114
.dbf（拡張子） ………………………… 49, 114
.prj（拡張子） ………………………… 49, 114
.shp（拡張子） …………………… 49, 114, 187
.shx（拡張子） …………………… 49, 114, 187
10mメッシュ ……………………………… 124
1次メッシュ ……………………………… 120
2050年の人口予想図 ……………………… 119
2次メッシュ ………………………… 69, 120
3D表現 …………………………………… 199
5374.jp（Webサイト） …………………… 32
5スターオープンデータ ………………… 28
5スタースキーム ………………………… 28

A
ArcGIS Online …………………………… 184
Ascii Grid ………………………………… 55
Avenza Maps ……………………………… 174

B
B,L（Breite、Länge） …………………… 137
Bluetooth ………………………………… 37

C
CRS（座標参照系） ………………… 22, 202
CSV（Comma Separated Values） ……… 46
Cultural Data …………………………… 78

D
DATA.GO.JP（Webサイト） ………… 31, 225
DEM（Digital Elevation Model） ……… 123

E
EPGS:3857 ………………………………… 23
EPSGコード ……………………………… 23
Erdas Imagine .img（HFA） …………… 53
ESRI Shapefile ……………………… 48, 60
e-Stat（Webサイト） ………………… 110, 224

ETOPO1 …………………………………… 131
Exif ……………………………………… 14

F
FOSS4G …………………………………… 38
FOSS4G Conference ……………………… 39

G
GDAL ………………………………… 38, 161
gdal_translate ………………………… 175
Geographic Information System ……… 23
GeoJSON ………………………………… 49
GeoPackage ………………………… 49, 198
GeoTIFF ………………………… 53, 60, 132
GIS ……………………………………… 23
GitHub …………………………………… 133
GML（Geography Markup Language） … 47
Google Geocoding API …………………… 24
GPL（GNU General Public License） … 194
GPS ………………………………… 14, 37
GRASS …………………………………… 38
GRASS GIS ……………………………… 161
GRS80 ……………………………… 16, 18
GRS80楕円体 ……………………………… 18

H
HDF（Hierarchical Data Format） …… 53

I
IMES ……………………………………… 37

J
JGD2000 …………………………… 23, 137
JPGIS（GML） …………………………… 47, 71
JSON（JavaScript Object Notation） … 49

K
KML（Keyhole Markup Language） …… 47

L
Leaflet ……………………………………… 38
Line（ライン）……………………………… 51
LinkData.org（Webサイト）…………… 34, 232

M
MIERUNE地図 ………………………… 190, 248

N
Natural Earth ……………………………… 77
NOAA（アメリカ海洋大気局）…………… 131

O
OGC ………………………………………… 49
Open Definition …………………………… 27
Open Geospatial Consortium ………… 49, 53
Open Knowledge Foundation …………… 27
OpenLayers ………………………………… 38
OpenLayers Plugin ……………………… 91
OpenStreetMap（Webサイト）… 34, 58, 91, 248
OSGeo財団 ………………………………… 38
OSGeo財団日本支部 ……………………… 39
OSMF ……………………………………… 59
OSMFJ ……………………………………… 59
OSS ………………………………………… 38

P
Physical Data ……………………………… 78
Point（ポイント）………………………… 50
Polygon（ポリゴン）……………………… 50
PostGIS …………………………………… 38
PROJ4String ……………………………… 55
proj4文字列 ……………………………… 89
Python ……………………………… 93, 197

Q
QGIS ……………………………………… 194
QGIS 3の変更点 ………………………… 198

R
R …………………………………………… 38
r.sun ……………………………………… 152

RGB値 ……………………………………… 56

S
Shapefile …………………………………… 48
SRID ……………………………………… 22

T
Tableau Public …………………………… 179
Tokyo Datum ……………………………… 23

U
UTM座標系 ………………………………… 23

W
WGS1984 …………………………………… 18
WKT ……………………………………… 53
WMS（Web Map Service）……………… 205
WMS/WMTS ……………………………… 206

X
XML（Extensible Markup Language）…… 47
XYZ Tiles ………………………………… 91

ア
アイコン ………………………………… 101
アイデアソン …………………………… 31, 39
アドレスマッチング …………………… 24
安全 ……………………………………… 32, 98

イ
意匠権 …………………………………… 29
位置精度 ………………………………… 67
位置の表現 …………………………… 15, 17
一般図 ………………………………… 26, 58
緯度 ……………………………………… 16
緯度経度 ………………………………… 16
陰影図 …………………………………… 128
陰影段彩図 ……………………………… 130
印刷 ……………………………………… 164
インデックスカラー ………………… 56, 209

エ

英国オープンストリートマップ財団 …… 59
衛星写真図 …… 26
円錐図法 …… 87

オ

オープンストリートマップ …… 58, 91
オープンストリートマップ・ジャパン …… 59
オープンソースソフトウェア …… 38, 162
オープンデータ …… 27, 42, 223
オープンデータ憲章 …… 30
オープンデータの基本 …… 27
オープンデータの定義 …… 27
屋内測位 …… 37

カ

街区の境界線と代表点 …… 66
階数区分図 …… 110
回転楕円体 …… 17
ガウス・クリューゲル図法 …… 21
可視化 …… 24, 97
河川データ …… 137
カッパ遭遇危険度マップ …… 157
紙のサイズ …… 164
カラーランプ …… 208
カラーレンダリング …… 206

キ

軌道の中心 …… 71
基盤地図情報 …… 29, 47, 66
基盤地図情報ビューア …… 66
基本測量 …… 42
基本測量成果 …… 64
旧日本測地系 …… 23
行政区画 …… 114
行政区画界線 …… 74
共通シンボル …… 210

ク

空間演算ツール …… 220
空間参照系 …… 22, 55
区画 …… 120

クリエイティブ・コモンズ・ライセンス …… 62
クリエイティブ・コモンズ …… 62
グリッド …… 55
グリッドデータ …… 55, 124
グリニッジ子午線 …… 16

ケ

傾斜 …… 150
傾斜方位 …… 150
経度 …… 16
減災 …… 98
建築物 …… 16, 71
原点 …… 16

コ

広域図 …… 167
交差 …… 104
国勢調査 …… 110
国土数値情報 …… 120, 137, 223
国土地理院 …… 42, 64, 223
コロプレスマップ …… 110
混合モード …… 210

サ

再投影 …… 132
座標空間 …… 16, 23
座標参照系 …… 22, 202
座標値 …… 15, 17
山岳表現 …… 123, 131
産業財産権 …… 29

シ

シェープファイル …… 48
ジオコーディング …… 24
自然環境情報GIS（Webサイト） …… 223
実用新案権 …… 29
住所 …… 24
縮尺レベル …… 66
主題図 …… 26
準拠楕円体 …… 17, 23
準天頂衛星「みちびき」 …… 36, 37
上位区画 …… 120

商標権	29
植生データ	143
新規レイヤ	203
人口予想図	119
シンボル	210

ス

数値標高モデル	123, 149
ズームレベル	57, 94, 204
スケールバー	169
スタイル	206, 210
スペース区切り	46

セ

正角図法	19
正距円筒図法	19
正距方位図法	19
税金はどこへ行った？（Webサイト）	32
政府統計の総合窓口（Webサイト）	110
世界測地系	18, 23
世界地図	19, 77
赤道	16
全体図	167
線要素	102

ソ

総日射量	152
測位技術	36
測地系	17
測量成果	64

タ

第1次地域区画	120
第2次地域区画	120
ダイアグラム	216
タイル地図	57, 91, 204
タブ区切り	46
単バンド疑似カラー	208
単バンドグレー	206

チ

地球楕円体	16
地形図	26, 58
地上解像度	54
地図情報	16, 29
地図帳機能	173
地図データ	42, 67, 174
著作権	29, 61, 111
著作権者	29, 61, 111
著作権の保護期間	62, 64
著作者人格権	29, 64
地理院地図	42, 91
地理空間情報	14, 28
地理空間情報活用推進基本法	14
地理座標系	23

テ

データカタログサイト	31, 225
テキストチャート	216
点要素	99

ト

投影座標	16
投影座標系	17, 22
投影法	17, 19, 87, 132
統計モデル	162
特殊なレイヤ	204
土砂崩れデータ	104
特許権	29

ニ

二次創作	62
日射量	149
日射量図	149
日本国内で利用される投影法	21
日本測地系	18
日本測地系2000	143

ネ

年齢別人口分布図	110

ハ

パイチャート	216
旗竿	74, 211

畑地面積率 …………………………………… 143
ハッカソン …………………………………… 31, 39
バッファ ……………………………………… 220
パブリックドメイン ………………………… 63
パレットカラー ……………………………… 209
バンド番号 …………………………………… 155
凡例 …………………………………………… 171

ヒ

ヒストグラム ………………………………… 216
秘匿地域 ……………………………………… 114
標高値 …………………………………… 55, 199
表示縮尺範囲 ………………………………… 167
標準地域メッシュ …………………………… 119
標準地域メッシュコード …………………… 120

フ

プラグイン …………………………………… 202
プロキシミティ ……………………………… 142
プロジェクト ………………………………… 201
プロセッシングツール ……………………… 161

ヘ

平面直角座標系 ……………………………… 21
ベクタ演算 …………………………………… 220
ベクタデータ ………………………………… 60
ベクタのラスタ化 …………………………… 125
ベクタレイヤ ………………………………… 210
ベッセル楕円体 ……………………………… 18

ホ

ポイント ……………………………………… 60
方位 ……………………………………… 169, 222
方位記号 ……………………………………… 169
防災 …………………………………………… 98
北極星 ………………………………………… 18
ポリゴン ……………………………………… 60

マ

マーカー ……………………………………… 211
町字界線 ……………………………………… 74

マルチバンドカラー ………………………… 208

メ

メッシュコード ……………………………… 119
メルカトル図法 ……………………………… 19
面要素 ………………………………………… 104

モ

モルワイデ図法 ……………………………… 19

ユ

ユニバーサル横メルカトル図法 …………… 21

ヨ

余白 …………………………………………… 166

ラ

ライセンス ……………………………… 29, 61, 171
ライン ………………………………………… 51
ラスタ演算 …………………………………… 221
ラスタ距離 …………………………………… 142
ラスタ計算機 …………………………… 154, 221
ラスタデータ ………………………………… 60
ラスタレイヤ ………………………………… 206
ラベル ………………………………………… 215

リ

リサンプリング ……………………………… 206
利用条件 …………………………………… 28, 61

レ

レイアウト …………………………………… 164
レイアウトマネージャ ……………………… 165
レイヤ ………………………………………… 203

ロ

ロビンソン図法 ……………………………… 132

ワ

ワールドファイル …………………………… 54

- ◆ 装丁　　　　　　　大悟法淳一、大山真葵（ごぼうデザイン事務所）
- ◆ 本文デザイン／レイアウト　朝日メディアインターナショナル㈱
- ◆ 編集　　　　　　　取口敏憲
- ◆ 本書サポートページ
  https://gihyo.jp/book/2019/978-4-297-10317-0
  本書記載の情報の修正・訂正・補足については、当該 Web ページで行います。

■お問い合わせについて

　本書に関するご質問については、本書に記載されている内容に関するもののみとさせていただきます。本書の内容と関係のないご質問につきましては、一切お答えできませんので、あらかじめご了承ください。また、電話でのご質問は受け付けておりませんので、本書サポートページかFAX・書面にてお送りください。なお、ご質問の際には、書名と該当ページ、返信先を明記してくださいますよう、お願いいたします。

　お送りいただいたご質問には、できる限り迅速にお答えできるよう努力いたしておりますが、場合によってはお答えするまでに時間がかかることがあります。また、回答の期日をご指定なさっても、ご希望にお応えできるとは限りません。あらかじめご了承くださいますよう、お願いいたします。

＜問い合わせ先＞
- ●本書サポートページ
  https://gihyo.jp/book/2019/978-4-297-10317-0
- ●FAX・書面でのお送り先
  〒162-0846
  東京都新宿区市谷左内町 21-13
  株式会社技術評論社　雑誌編集部
  「【改訂新版】統計・防災・環境情報がひと目でわかる地図の作り方」係
  FAX：03-3513-6173

【改訂新版】
[オープンデータ＋ QGIS] 統計・防災・環境情報がひと目でわかる地図の作り方

2019 年 1 月 11 日　初　版　第 1 刷発行

著　者　　朝日孝輔、大友翔一、水谷貴行、山手規裕

発行者　　片岡　巌
発行所　　株式会社技術評論社
　　　　　東京都新宿区市谷左内町 21-13
　　　　　TEL：03-3513-6150（販売促進部）
　　　　　TEL：03-3513-6177（雑誌編集部）
印刷／製本　昭和情報プロセス株式会社

定価はカバーに表示してあります。

本書の一部あるいは全部を著作権法の定める範囲を超え、無断で複写、複製、転載あるいはファイルを落とすことを禁じます。

©2019　朝日孝輔、大友翔一、水谷貴行、山手規裕

造本には細心の注意を払っておりますが、万一、乱丁（ページの乱れ）や落丁（ページの抜け）がございましたら、小社販売促進部までお送りください。送料小社負担にてお取り替えいたします。

ISBN978-4-297-10317-0　C3055
Printed in Japan

著者紹介

朝日 孝輔（あさひ こうすけ）

データの有効活用を通して、身近な問題の解決に貢献したいと株式会社 MIERUNE を起業。とくに地理空間情報を活用した解析・可視化を得意とする。北海道での地理空間情報利用を促進すべく FOSS4G Hokkaido や勉強会を開催。OSGeo 財団日本支部 監事。Facebook グループ「QGIS User Group Japan」管理人の一人。QGIS.org Voting Member（日本ローカルコミュニティを代表して QGIS 国際コミュニティへの投票権を行使）。

[Blog] http://waigani.hatenablog.jp/

大友 翔一（おおとも しょういち）

大学院修了後、独立行政法人 宇宙航空研究開発機構（JAXA）に勤務し、科学衛星データの運用・保守や並列計算機の構築を行い、SONY 株式会社および東京電力ホールディングス株式会社にてデータサイエンティストとして従事した。その後起業し、現在は株式会社 GEOJACKASS 代表取締役社長、静岡大学客員准教授、慶應大学共同研究員。

水谷 貴行（みずたに たかゆき）

株式会社エコリス勤務。動植物などの野外調査をする一方で、自然環境データの可視化分析や変換プログラムの作成などを FOSS4G を利用して行っている。

[Blog] http://tmizu23.hatenablog.com/

山手 規裕（やまて のりひろ）

Pacific Spatial Solutions, LLC、月の杜工房。写真測量、画像処理解析、GIS などの開発などを行いつつ豆知識をため込んでいる。オープンソースソフトウェアのみで事業が継続できるのかどうか身をもって検証中。OSGeo 財団日本支部運営委員、画像情報教育振興協会（CG-ARTS 協会）協会委員。

[HP] http://mf-atelier.sakura.ne.jp/mf-atelier/